闸坝控制下河流生态调度研究

◎宋刚福 著

中国水利水电出版社
www.waterpub.com.cn
·北京·

内 容 提 要

本书结合作者多年来的项目研究结果进行系统的整理与归纳。全书共分9章，主要内容包括：闸坝生态调度研究的背景、意义、研究现状以及研究内容和方法；研究区域基本概况；闸坝对河流生态影响及评价；闸坝生态调度理论方法研究；北运河闸坝生态调度方式研究；闸坝下游河流水动力及水质演变过程研究；北运河闸坝运行管理模式研究；闸坝生态调度综合效益评价；结论与展望。

本书可作为环境工程、水资源管理等学科研究者及高校师生的参考用书，也可作为水利部门、环境保护部门的管理者以及相关领域研究人员的参考用书。

图书在版编目（CIP）数据

闸坝控制下河流生态调度研究／宋刚福著. -- 北京：
中国水利水电出版社，2019.5（2024.1重印）
　ISBN 978-7-5170-7713-8

Ⅰ.①闸… Ⅱ.①宋… Ⅲ.①水闸—影响—河流—生态环境—环境管理—研究②挡水坝—影响—河流—生态环境—环境管理—研究 Ⅳ.①TV6②X522.06

中国版本图书馆CIP数据核字(2019)第095729号

责任编辑：陈洁　　封面设计：王伟

书　　名	闸坝控制下河流生态调度研究 ZHABA KONGZHI XIA HELIU SHENGTAI DIAODU YANJIU
作　　者	宋刚福　著
出版发行	中国水利水电出版社 （北京市海淀区玉渊潭南路1号D座 100038） 网址：www.waterpub.com.cn E-mail：mchannel@263.net（万水） 　　　　sales@waterpub.com.cn 电话：(010) 68367658（营销中心）、82562819（万水）
经　　售	全国各地新华书店和相关出版物销售网点
排　　版	北京万水电子信息有限公司
印　　刷	三河市元兴印务有限公司
规　　格	170mm×240mm　16开本　12印张　170千字
版　　次	2019年6月第1版　2024年1月第2次印刷
印　　数	0001—3000册
定　　价	54.00元

前　言

党的十九大报告明确提出：加大生态系统保护力度。实施重要生态系统保护和修复重大工程，优化生态安全屏障体系，构建生态廊道和生物多样性保护网络，提升生态系统质量和稳定性。河流生态系统是自然界中最重要的系统之一，是陆地生态系统和水生态系统间物质循环的主要通道。随着社会经济发展，人口的迅速增加，人类活动对河流生态的影响越来越大，特别是在河流上大规模筑坝建闸拦截河流水量（发电、灌溉、控制洪水等），改变了河流原有的物质场、能量场、化学场和生物场，直接导致河流的连通性降低、生态系统破坏严重、水污染加剧等一系列问题。为了较好地解决这一问题，尽可能地减少闸坝的建设和运行给河流生态造成的影响，逐步恢复河流生态健康，本书以闸坝控制下的北运河为例，开展闸坝对河流生态影响、闸坝生态调度的相关理论的研究，分析不同闸坝调度情况的河流水动力及水质特性，探讨闸坝生态调度管理理论，并对闸坝生态调度进行综合效益评价。主要研究成果如下：

（1）从河流水文，水力学特性，河流物理、化学特性，河流生态系统结构、河流区域生态响应等4个方面详细阐述了闸坝的建设和运行对河流产生的生态影响。并以北运河为例，通过对闸坝对河流影响因素的分析，建立了河流闸坝生态影响评价体系，运用改进的拉开档次方法对北运河河流生态影响进行评价，提出改变现有闸坝调度方式，开展闸坝生态调度的必要性。

（2）构建了闸坝生态调度基本理论体系，包括闸坝生态调度的内涵理解、调度内容、调度原则、调度目标及表征形式，并以北运河为例，运用了基于水功能区划的河流生态需水量计算方法，分时段、分区域、分等级计算北运河河流生态环境需水量，建立了以防洪为约束条件，以河流生态用水为保障的北运河闸坝生态调度模式。

（3）通过建立闸坝群联合调度模型，对北运河闸坝群不同调度运行方式下下游河道水量水质进行了模拟，探讨分析了不同调度情况下的河流水动力及水质特性，为北运河闸坝生态调度的实施提供技术支持。

（4）将企业生产管理领域的绿色供应链管理模式引入到闸坝管理运行中，构建了闸坝生态调度绿色供应链管理模型，设计了北运河闸坝生态调度绿色供应链管理系统结构图，并对闸坝生态调度绿色供应链管理进行了阐述，提出了建设性对策。

（5）从生态环境、社会效益、资源、工程技术、经济5个方面建立了闸坝生态调度综合效益评价指标体系和闸坝生态调度综合效益评价模型，运用多层次模糊综合评价的方法对北运河闸坝生态调度进行了综合效益的评价。

本书得到国家水体污染控制与治理科技重大专项（2008ZX07209-002）、河南省高等学校青年骨干教师培养计划项目（2018GGJS077）、河南省科技攻关项目（182102310814）、河南省水环境模拟与治理重点实验室的支持和资助。

由于时间仓促，作者水平有限，本书难免存在错误、疏漏之处，恳请广大读者批评指正，不吝赐教。

作　者

2019 年 3 月

目 录

第1章　绪　论

第1章 绪 论

1.1 研究背景和意义

1.1.1 研究背景

党的十九大报告明确提出：加快生态文明体制改革，建设美丽中国。加大生态系统保护力度。实施重要生态系统保护和修复重大工程，优化生态安全屏障体系，构建生态廊道和生物多样性保护网络，提升生态系统质量和稳定性。在 2018 年 5 月 18 日召开的全国生态环境保护大会上习近平总书记指出，新时代推进生态文明建设，必须坚持人与自然和谐共生，坚持节约优先、保护优先、自然恢复为主的方针，像保护眼睛一样保护生态环境，像对待生命一样对待生态环境，让自然生态美景永驻人间，还自然以宁静、和谐、美丽。

河流生态系统是自然界中最重要的系统之一，是陆地生态系统和水生态系统间物质循环的主要通道[1]。长期以来，河流生态系统以其纷繁多样的生态功能为人类的生存与发展提供了形式各异的生态服务。随着社会经济发展和水资源问题的日益突出，人类为满足自身发展对水资源的需求，在河流上修建大量的闸坝等水工建筑物。据国际大坝委员会统计，在全球 140 多个国家中 1998 年建成的大坝已达到 49248 座，其中我国拥有 25821 座，占总数的 52%[2]。

闸坝等水工建筑物的建设，在防洪、发电、灌溉、航运等提高水资源利用效率方面起到了重大社会和经济效益。然而，随着时间的推移，人们发现大量的闸坝对河流影响越来越大，据有关部门统计，目前在全球范围内运行的 36000 座大中型闸坝，控制着 20% 左右的全球径流量[3]。闸坝现已成为人类影响河流生态最广泛、最显著、最严重的因素之一[4]。

美国 1950—1955 年期间在罗阿诺克河干支流上共修建了 4 座水坝。通过计算对比发现，水坝建成后，受水坝影响，春季（5、6 月）的平均流量增加，导致幼鲈鱼存活率降低，同时由于水文过程线脉冲频率增加，而使得栖息在岸缘的可作为鲈鱼食饵的无脊椎动物因无法适应快速的干湿交替，数量减少，从而使得该河鲈鱼数量急剧下降；另一方面受水坝影响，该河洪水变小、变少，持续时间缩短，使得洪泛区森林物种多样性降低，而森林的改变又会对迁徙的鸟类产生影响[5]。

美国的科罗拉多河 1966 年格伦峡大坝建坝前，每年带走河道泥沙5700 万吨，河水基本呈现泥红色。而建坝后，由于格伦峡大坝蓄水，下泄流量的季节性变化降低，洪峰过程基本消失；由于河水变清，流速降低，致使在鲍威尔湖中淤积了 84% 的泥沙，直接导致下游一些沙洲、河滩遭到侵蚀而面积减小；建坝前，河水的水温保持在 0℃ ~29℃ 之间，而建坝后河流水温则保持在 9℃ 左右；自建坝以来，一些本地物种已经或濒临灭绝，外来物种入侵严重。据生物调查显示，已经灭绝的本地鱼有 3 种，弓背鲑也濒临灭绝，60 多个生物物种受到不同程度的威胁[4]。

在我国，淮河流域是我国流域人口密度最大、经济最发达的地区之一。截至 2000 年，淮河流域修建闸坝已经达 1.1×10^4 余座[6]。过多的闸坝建设使得淮河河道径流减少，水流速度减缓，水体自净能力削弱，加剧了淮河流域水体污染。此外，大多数闸坝在枯水期关闸蓄水，闸上污水聚集，易形成被称作"死亡之水"的高浓度污水团，当汛期首次开闸泄洪时，污水团下泄极易造成突发污染事故。这种极不合理的闸坝调度方式导致的严重突发性水污染事件频频发生。1989 年 8 月，淮河发生第一次重大污染事故，大量的污染团下泄，沿途生态与环境遭到严重破坏，经济损失超过亿元。1994 年，淮河发生震惊全国的"7.23"特大污染事故，居民饮水困难，工厂被迫停工。2004 年 7 月，淮河干流再次发生重大污染事故，污水团下泄形成 150 多 km 长的污染水带，致使淮河干流沿线城镇供水中断，洪泽湖等水域鱼虾大量死亡，生态与环境再次遭到严重破坏[7]。

根据海河水利委员会提供的资料，海河建设挡潮闸以来，河宽由原来的250m缩窄至现在的100m，其闸下淤积的泥沙量累计已经达2200多万m^3，河床淤积达到4.7m高，过水断面缩小了近85%，而河口的泄流能力已经从原来的2100m^3/s降到现在的800m^3/s。需要特别指出的是，这800m^3/s的泄流能力是通过在河口处修建疏浚码头，配备疏浚船队不断疏浚的情况下方能达到的泄流量。同时由于大量污染物的积聚，水质常年处于劣Ⅴ类，而在对近岸海域的5种主要水产贝类的检测过程中，发现其有机物的检出率高达50%～100%，恶化的河流生态环境已经使海河流域鱼类种群越来越小型化，有限的贝类资源急剧下降，而中华绒螯蟹处于几乎绝迹的状态[8]。

为了有效避免长江流域发生大型洪水对沿岸人们生产生活带来的威胁，并兼顾发电和航运效益，1994年我国开始建设三峡大坝，并于2003年正式通航发电。由于三峡大坝的建设没有充分考虑下游生态以及对库区水环境的保护措施，致使大坝建成后出现了许多新的生态问题。每年4月底至5月初，由于三峡大坝的泄水较天然情况的水温偏低以及三峡水库的削峰作用，大坝下游"四大家鱼"推迟产卵时间约20天，并影响其产卵量。同时，由于水库泄洪时下泄水流中氮气过饱和，使大坝下游的鱼类（尤其是鱼苗）发生"气泡病"，降低其成活率，最终导致长江中下游的"四大家鱼"数量减少。此外，调查结果显示，随着大坝蓄水位的不断升高，库区水流流速降低，水体自净能力较蓄水前下降较大，纳污能力减弱，在一些支流和库湾区，受水库回水顶托的影响，已出现水体富营养化和"水华"（如大坝在135m蓄水过程中的香溪河发生"水华"）现象。可见，尽管闸坝本身虽不产生什么污染物，但闸坝的存在会降低库区水体自净能力，影响库区水体水质，致使污染问题凸显[9]。

在河流流域范围内，过多的闸坝建设人为地改变了河流自有的能量场、物质场、化学场、生物场，影响着生源要素在河流中的生物地球化学行为，包括生源要素的输送通量、赋存形态和组成比例，致使河流生源要素、河流和区域生态环境的改变，造成河流的连通性降低、生态系统破坏严重、水污染加剧等一系列生态问题。因此，对于闸坝建设与河流生态保护的问题已经引起政府和广大学者的广泛关注。现有情况下，如何正确处理好闸坝与河流生态之间的关系，使得人与河流能够和谐相处，是当前河流开发利用过程中需要迫切解决的问题之一。

1.1.2 研究意义

20 世纪后期，可持续发展的理念很快风行于世界，我国政府也已将可持续发展确定为基本的国策。在将可持续发展的理念引入到新的江河治理方略中时，有丰富的内涵值得探讨。其中应该突出强调的是人与河流共存的理念。与河流共存，即人类对河流的治理，必须尽力维护并改善河流固有的各种基本功能，而不是导致河流的消亡。因此，从可持续发展的理念出发，河流内人类的开发活动与河流的治理活动应在考虑人的发展与安全需求的同时，考虑流域内生态系统的安全，使人与自然相和谐[10]。

中华人民共和国成立后，为了充分利用水资源，排除各种水害，国家进行了大量的河流整治工程。特别是近些年来，伴随着我国经济的持续快速发展和人们对水资源需求的日益增加，大量的工业和生活污水未经处理直接排入河道，对河流水环境造成很大压力和破坏，有时甚至是致命的。同时，随着河流水资源的开发利用加快，河道上的闸坝等水利设施的日益增多，对河流系统的物质循环和能量输送等自然功能造成一定影响，直接导致河道淤积，河流形态变化，行蓄洪能力降低，水流流速趋缓，水体自净能力下降，污染加剧，鱼类等河流生物洄游通道受阻，鱼类资源减少，河流生物多样性退化等一系列河流生态问题。因此，对多闸坝用水进行合理调度，控制河流水质目标，不断改善河流生态环境，促进河流水资源的有效、可持续利用，是国家实现科学、可持续发展的重大需求。

在过去很长一段时期内，人们利用闸坝对水资源进行的调度，主要是针对水库调度而言，其调度多考虑兴利和防洪，在此基础上兼顾航运、供水、灌溉、养殖、旅游等各个综合利用任务，但没有考虑建闸筑坝对河流生态所产生的影响[11]。作为水库调度的新阶段——闸坝生态调度就是在闸坝控制下的河道上，将生态因素纳入到现行的闸坝调度过程中，使闸坝的调度一方面要注重水利工程的经济效益和社会效益，同时另一方面更要将河流的生态效益提到应有的高度，对闸坝等水利工程设施对河流所产生的生态影响进行补偿，并尽可能考虑河流的水文特征变化，满足下游河道的生态需水。可见通过开展闸坝生态调度的研究，在多闸坝控制的河道上建立以河流生态健康为核心，以下游河道生态需水量为保障，兼顾防洪、发电、供水、灌溉、航运等社会经济目标的闸坝调度和管理方式，是实现闸坝河道生态恢复的有效途径，是贯彻落实党的十九大精神和习近平生态文明思想的有效举措，对实现人与水的和谐共生，具有重大的现实意义。

1.2 国内外研究现状

人们对于河流闸坝影响的关注和研究主要经历了两个阶段[12-15]：第一阶段是单纯的闸坝对河流生态影响研究。主要是人们针对闸坝等水利工程所导致的水环境问题的日益突出，重点研究闸坝对下游物质循环、能量输送、河道结构以及对河流某种生物的影响进行试验和观测等。第二阶段是针对闸坝等水利工程对河流所产生的生态影响，如何通过闸坝管理调度，使闸坝发挥其更多的积极作用，进而减小闸坝所带来的负面影响等方面进行较深入的认识和研究。

1.2.1 闸坝对河流影响研究

鉴于闸坝建设所造成的河流生源要素、河流生态环境的改变，进而对河流流域产生的许多负面影响，国际上许多科学家开始对河流的生态系统结构组成及其生态响应过程给予了广泛关注，并成为当时河流生态水文领域研究的重点课题之一。

1. 国外研究现状

1978 年，Williams[16]研究了大坝的存在对河流下游径流及河床的影响，他认为大坝改变了其下游径流模式，增加了大坝下游河床较细粒度物质侵蚀程度，但却对洪峰影响减小。1980 年，Vannote[17] 提出了河流连续体概念。他认为一系列不同级别的河流形成了完整的河流流域系统。在这种系统中，河道的物理结构、能量输入和水文循环产生的连续的生物学调整以及沿河有机质、养分、悬浮物等的运动、运输、利用和储蓄共同构成了这个连续体；1984 年，Petts[4] 研究发现在河流筑坝蓄水后，河流将产生一系列复杂的连锁反应，而这种反映改变了河流原有的物理、化学、生物因素，进而得出河流的物理、化学、生态特征是河流流域众多因素综合作用的结果。1985 年，Minshall[18] 等针对 Vannote 提出了河流连续体概念（River Continuum Concept，RCC）进行了进一步的研究，他认为这种连续体注重河流生态系统中生物因素及其物理环境的连续性，同时注重河流系统景观空间的异质性，河流连续体应包括河流的地理空间及空间的连续性。Junk[19] 明确提出了河流生态系统是具有纵向、横向以及垂直方向三维结构特征的统一体，强调流域的生态系统与河流的生态系统的相互作用过程，同时强调河流生态系统在流域景观中的生态功能。Ward[20] 通过进一步研究认为，河流生态系统应具有四维结构：纵向、横向、垂向和时间尺度，并强调河流生态系统的连续性和完整性，更加注重流域与河流生态系统的相互关系。1991 年，Karr[21] 从理论上系统地研究了大坝建设对河流的生态影响，他认为由于大坝建设的建设，河流原有的物质场、能量场、化学场和生物场被人为地改变，而这种改变又直接影响了河流生态系统的物种结构组成、栖息地分布以及相应的生态功能。Williams[22] 则认为在河流上修建大坝会改变河流的自然水文情势，同时他认为正是这种改变对河道所产生的修正作用才造成了河道的萎缩。而Kondolf[23,24] 进一步认为由于大坝的存在，使得河流泥沙传输的连续性受到破坏，经过库区的沉淀，使水流处于泥沙含量不饱和状态，而这些"不饱和的水"被水库下泄后，会加剧对坝下河道的侵蚀，并认为正是由于布莱克大坝的拦截作用，下泄的"不饱和的水"加剧对斯托尼河下游河道的冲刷，使得其形状由原来的麻花型演变成了现在的单线型。2002 年，Angela[25] 总结出河流生态系统的重要"驱动者"是河流的自然流程，大坝的存在改变了河流的自然流程，对河流生态产生破坏，如库区及下游水质变坏；水质富营养化（甚至"水华"）；大量的湿地、沼泽损失；鱼类生境被破坏；流域鸟类数量及物种减少；许多水生生物的数量减少或灭绝；外来物种入侵等。

2. 国内研究现状

国内针对闸坝对河流的影响研究比国外起步要晚。作为世界上建坝最多的国家，随着闸坝建设带来的一系列生态问题的出现，近些年来，国内学者开始关注闸坝建设对河流的生态影响研究，并取得丰硕的成果。1995 年，陈国阶[26]等研究发现，由于三峡大坝的修建，阻碍了鱼类的洄游通道，使得鱼类在长江产卵场的位置及规模被人为地改变，破坏了鱼类栖息、繁殖条件，从而对长江流域物种的遗传、生存及繁殖形成巨大的威胁。窦贻俭[27]等对曹娥江的研究发现，相比建库前，建库后曹娥江的年平均流量略有减少，并且年内径流分配越来越趋向均匀化。庞增铨[28]等在对贵州喀斯特地区河流梯级开发的水环境变异的研究过程中发现，由于水库的建成运行，在库区形成了一个相对静止的环境，自然河流被人为地渠道化，河流的水动力条件从根本上被改变，进而使得河流流量减少，流速减缓，河流中含带的泥沙沉积增加，水库效益发挥受到不同程度的影响。东江水库建库后，周建波[29]等分析了库区的气温变化，发现 1 月份气温较建库前升高，而 7 月却降低，相应的库区与库周边地区年降雨量的相差程度加大。2002年，国家电网公司西北勘察设计院联合青海省电力局、气象局共同观测研究了黄河上游龙羊峡水库蓄水后的气候变化，发现与建库前相比，建库蓄水后当地年平均气温升高、温差降低，伴随着当地降雨和空气湿度的增加。刘兰芬[30]等研究表明水库在形成的初期，由于库区水位的升高，直接淹没了高等水生植物，水域的原有形态特性、水的营养性能、土壤和原始种源也被间接改变，从而影响了水域高等水生植物生存、生长。同时水库的修建对浮游植物的区系组成、生物数量、初级生产力等也都产生影响，水库富营养化加重，水库水质受到影响。汪恕诚[31]等认为水库建成后，由于水库的拦截作用，大量泥沙淤积在水库内，水库泄流时强烈侵蚀大坝以下的河段，使河床加深，河堤及沿河两岸的建筑物受到威胁。

2004年，黄真理[32]等对三峡库区蓄水前后的水环境采用了一维水流水质数学模型进行模拟，发现三峡水库建成以后，随着水位抬高，水流减缓，污物在库区滞留时间延长。同年，程绪水[33]等研究分析了水闸防污调度对改善水质的作用，提出了进一步发挥水利工程作用、改善水质的建议。2007年，索丽生[8]分别例举淮河闸坝、三峡大坝、海河挡潮闸、太湖进出河道闸、江苏盐城市沿海挡潮闸说明闸坝建设引起河湖形态变化，河道淤积，潮汐变形，行蓄洪能力降低，水流流速趋缓，河道径流减少，水体自净能力降低，水体污染加剧，鱼类资源减少，生物多样性退化等一系列生态问题。毛战坡[34]等详细论述了拦河筑坝后对河流水文、水力学特性、河流物理、化学特性、河流生态系统结构和功能、区域生态效应等方面的影响。陈庆伟[35]等总结了大坝建造对河流生态系统的影响途径，即通道阻隔、水库淹没、径流调节、水温变化等，探讨了大坝建造对河流水文特性、化学特性、通道作用等生态功能的影响方式。范继辉[36]以长江上游为例研究了水电开发对河流生境及水生生物的影响和梯级水库建设对河流径流变化及河道生态需水量的影响。张永勇[7,37]等以淮河流域污染最严重的支流沙颍河为例，研究分析了沙颍河闸坝开启污水下泄对淮河干流下游水质的影响。此外，他又从流域尺度上探讨了温榆河流域闸坝群对水文循环和污染物运移的作用，分析了闸坝群对温榆河干流水量和水质浓度的影响。吕衡[38]等通过对具有一定代表性的防潮闸、蓄水闸、节制闸、进洪闸等，分析了拦河闸运行管理对生态的双面影响，并针对拦河闸运行过程中可能对生态环境造成的不利影响，提出了具有建设性的对策和措施。2008年，赵建民[39]等对三峡大坝修建的生态影响进行了进一步的分析，他从生态足迹和生态承载能力的角度指出，由于三峡大坝的修建，其下游鱼类的产卵场位置可能遭到了破坏，进而影响了鱼类的产卵繁殖。2011年，胡巍巍[40]选取比较典型的淮河干流上的蚌埠闸作为控制节点，运用成熟的IHA法和RVA法，研究蚌埠闸及其上游闸坝对水文情势的影响程度，同时通过蚌埠水文站水文情势变化的估算来分析闸坝对淮河河流生态水文条件的影响。刘子辉[41]等用实验的方法分析了不同闸坝调度方式下污染河流水质的时空变化规律，探索闸坝调度对污染河流水质水量的作用机理。左其亭等[91]为探讨闸坝工程对河流水生态环境的影响效应，进行实地闸坝调控实验，监测河流水质指标在不同调控方式下的空间变化，并调查水生态指标，探析长期和短期的调控干扰对河流水生态环境的影响特征。孙鹏等开展了闸坝对河流栖息地连通性的影响研究认为，河流栖息地连通性对河流生态系统的健康与稳定具有重要作用，闸坝改变了河流的连通性，对水生生物的栖息地产生一定影响。

此外，在闸坝对河流生态影响评价方面，2008年刘玉年[42]等提出采用生物指数法对淮河流域典型闸坝断面的生态系统现状进行了综合评价。夏军[6]等以历史时期淮河干流水生态调查与2006年全流域重点闸坝水生态调查资料为依据，通过分析水生态指标与同期水质指标之间的关系，建立淮河水文—水质—生态耦合模型，提出了一种水利闸坝工程对水生态影响的评价方法。崔凯[43]等从水质、水量两个方面建立了闸坝对河流水质水量影响的评价体系，采用计算评价指标隶属度值的方法，对淮河流域的蚌埠闸、阜阳闸、槐店闸以及蒙城闸进行影响评价。左其亭[44]等针对重污染河流闸坝众多、水污染事故多发、防洪防污矛盾突出等问题，评估闸坝对河流水质水量影响，识别闸坝调控能力，并以淮河流域为例，初步提出闸坝对河流水质水量影响评估及调控能力识别技术研究框架。

1.2.2 闸坝生态调度研究

1. 国外研究现状

20世纪初，随着人类对河流开发利用力度的加大，在河流上大量地修建了水库和水电站，处于对修库建坝的需要，河川径流理论得到了快速发展，并开始应用经验的方法，充分利用水库进行洪水调节，从而开始了对于闸坝调度的研究。1926年，苏联莫洛佐夫提出水电站水库调配调节的概念，随后，以水库的调度图为指南的水库调度方法逐步发展形成。调度图调度具有简单直观、概念清晰以及一定可靠性的优点，至今，许多水库的调度仍采用这种方法。20世纪40年代，

Masse 又提出闸坝优化调度的概念，随后，许多专家学者就此进行了大量的研究[45]。同期，美国开始强调河川径流作为生态因子的重要性[46]。从此，随着系统工程理论及优化模型的引入、以及电子计算技术及实时控制技术的迅速发展，闸坝调度理论和应用取得了长足的进展。

人们对生态调度的研究最先是从关注河流生态需水量开始的。20世纪 70 年代，澳大利亚、南非等国家都开展了许多关于河流生态流量的计算评价方法的研究，起先主要是针对满足航运需要的河流流量的计算，其后是计算保护河流水生生物流量，以及到后来逐步发展的维持河流生态系统完整性的流量管理，并先后研发了 Tennant 法[47]、河道湿周法[48]、河道内流量增量法（IFIM）法[49]、R2CROSS 法[50]、7Q10 法[51,52]等河流生态环境需水量计算方法。在具体生态需水理论研究方面，1971 年，Schlueter[53]首先提出水利工程不但要满足人类对河流资源的利用要求，而且要同时注重维护和创造河流的生态多样性。1982 年，Junk 在研究 Amazonian 洪泛区的物种多样性时，第一次提出生态洪水脉冲的概念[54]。随后，Petts[55]研究了河流生态需水量的概念及计算方法，并对水生物生长、繁殖与河流流量关系进行了探讨。在生态需水与闸坝调度相结合方面，Richter[56]等指出，恢复河流生态流量可以通过改变大坝运行规则来实现，并针对大坝的不同用途制定了与之相适应的生态调度准则。Hughes[57]建立了满足生态需水的水库调度模型等。Johnson Brett[58]等提出要减轻大坝对河流生态所产生的负面影响，满足下游河道的生态需水要求，起码在短期内人们应努力集中于改变现有的水库调度方式，通过合理的水库调度，使大坝对河流的影响尽可能地降到最小程度。2005 年，墨尔本大学对河道最小生态流量及河流脉冲事件的优化调度进行了研究[59]。

在生态调度实践应用方面，1937 年，美国的农垦法明确提出，中央河谷工程（CVP）的大坝与水库"首先应用于调节河流、改善航运和防洪，其次用于灌溉和生活用水，最后是用于发电。"最近 CVP 对法规进行了修订，增加了满足鱼类与野生动物需要的内容。苏联从1959 年在伏尔加河上修建伏尔加格勒大坝时起，为确保大坝下游农业灌溉用水量、放水过程线及放水期限和鱼类产卵场淹水的需要，每年汛期根据气象部门提供的水量预报以及对国民经济发展的情势预测，模拟春汛向大坝下游进行目的性放水，同时组织专家开展了放水可行性研究[60]。1970—1972 年南非潘勾拉水库通过水库调整闸坝生成人造洪峰，为鱼类产卵创造条件[61]。到 20 世纪 80 年代后，以美国等为代表的一些发达国家的管理和决策部门针对大坝对河流产生的诸多不利影响，在保证大坝航运、防洪、发电等原有重要功能的同时，对原来的水库调度运行方式进行调整，以达到改善区域水质、增强河流娱乐功能和为经济发展提供重要保证的目的。1978 年卡特总统提出了改革水资源政策的咨文，指示改善现有工程的运行和管理，以保护江河用水。田纳西流域管理局（简称 TVA）据此进行了系统的评价，制定了"保护鱼类、野生生物和有关适应河川水流的其他财富"的方针，并于 1991—1996 年，对其管辖的 20 个水库的调度运行方式进行了优化[62]，通过提高水库泄流流量及水质，保证下游河道最小流量和水中的溶解氧浓度。1980 年初开始，哥伦比亚政府认为考虑溯河产卵鱼类问题是流域管理的主要问题，提出了鱼类和野生动物保护项目。在这一背景下，大古力水坝（GCD）和其它水利工程的调度都集中在充分满足溯河鱼类产卵的寻址需求上[63]。1983—1989 年，美国的罗阿诺克河流管理委员会决定在每年的 4 月 1 日—6 月 25 日的鲈鱼产卵期间，调整部分原水库运行方式，具体是将河流流量控制在建坝前日流量的 25% ~75% 之间，并且保证每小时流量变化率不大于 $42m^3/s$，通过这一举措，结果发现罗阿诺克河内的鲈鱼数量明显增加[5]。1987—1992 年，乌克兰德涅斯特罗夫水库为改善无机氮化合物对德涅斯特河河水污染率较严重的情况，进行了若干次的生态性放水试验，实验结果表明，通过每年 4 月底到 5 月初加大水库的放水后，其河水水质得到显著改善，河流生态环境得到了逐步恢复[64]。

20 世纪 90 年代初，为改善科罗拉多河的生态状况，美国的格伦峡大坝开始实施适应性管理项目，即在科罗拉多河上开展河流流量实验研究。1991 年，为增加塔拉普萨河的鱼种丰度，瑟洛大坝又实施了保证下游最小生态流量的运行法案，实践表明该法案的实施使该河鱼种丰度增加了2倍多。从1994年起，圣玛丽河的圣玛丽大坝通过对自然洪水过程的研究，将洪水逐渐消退的泄水模式引入到大坝的管理运行中，结果表明，新的大坝泄水模式的实施使一度因大坝的修建影响而减少的河岸带树种——三叶杨和柳树大范围地增加。1995年，日本政府为减轻大坝对下游河流的生态侵蚀，保护生物多样性，确保水循环健康运行，重构河川与地域关系，对大坝实行弹性管理，出台制定了《未来日本河川应有的环境状态》的法案，并于1997年对其河川法进行了进一步的修改，将治水、疏水、保养、保全河川环境写进新的河川法[62]。1996年，美国联邦能源委员会（简称FERC）要求水电站运行时要充分考虑到其对河流生态的影响，制订新的水库运行方案，尽可能地提高大坝最小泄流量、增加或改善鱼道，并考虑到周期性大流量泄流及陆域生态的保护等[65]。

此外，巴西国库鲁伊水电站在满足大坝下游航运条件下，为避免水电站的建设和运行造成河流堤岸生态群落退化，同时避免水库溢流远高于以前纪录的情况出现，保护水库四周及堤岸斜坡稳定性，在其水库调度的规程中做了明确规定，要求水电站运行水位不能高于72.00m。在非洲的津巴布韦，研究人员运用Desktop模型估算奥济河河流的生态需水流量，为该河上奥斯本水库水库调度提供水量调度指导[66]。澳大利亚则针对水的可持续利用、恢复生态系统健康提出新的水分配方案。要求任何一个州或地区在进行水的分配前，都要对其所属地区进行"水依赖的生态系统"评价，同时要求水的分配方案必须要有一定的前瞻性，至少要考虑到5～10年之后可能出现的情况，并通过对一些数据的判断，重新调整地区的径流季节变化特征，使其达到最佳的生态状态[62]。

在国外，人们对闸坝调度的认识和接纳也是一个逐步进行的过程，从单纯考虑防洪、发电、灌溉、航运等河流功能，到将河流生物种群需求、水质保护、下游生态基流保证和湿地改良等河流生态因素纳入其中，经历了一个漫长的时期。在这一过程中，人们逐渐对河流生态系统的整体性及闸坝的所产生的生态效应有了更深刻的认识，并通过若干的实践，使认识得到较好的验证，取得良好的实际效果。闸坝调度不再是以前简单的闸坝水位的控制问题，而是关系到全流域，特别是下游区域生态的重大问题。它的具体规程的制定需要政府管理部门、流域管理机构以及公众利益相关方共同参与、协调完成。

2. 国内研究现状

我国对闸坝调度的正式安排始于 20 世纪 50 年代后期，当时正值我国新中国成立后第一个水利建设的高潮。面对新建的众多大型闸坝工程，考虑到国家利益和人民生产、生活、生命安全的需要，开始对水库大坝进行水量调度，其重点是根据上级水利部门下达的水利任务，制作某水库的水量调度图，并根据调度图分区的流量控制蓄放流量。针对水库等闸坝建设产生的一系列生态问题的出现，近些年来许多专家和学者在借鉴国外研究成果的基础上，就如何利用闸坝等水利工程的合理调度对河流生态环境进行改善，做了大量研究和探索工作，但总体上仍停留在对理论的探讨和初步实践尝试阶段。曾祥胜[67-70]等分别从满足鱼类产卵、繁殖所需的水文水力学条件角度，分析了在河流上筑坝修闸对鱼类生存所产生的影响，从而为管理者制订面向鱼类保护的闸坝生态调度方案提供有力依据。傅春[71]、董哲仁[72]认为在健全的河流生态系统中，水体与生物群落是相互依存、相互影响的，提倡水利学应与生态学相结合，并提出生态水利的概念，建立了可持续利用的水资源数学模型。贾海峰[73]等以北京密云水库为背景，研究和分析了水库调度与库区营养物削减之间的关系，提出了在控制水库富营养化过程中水库调度的具体措施。王好芳[74]等根据大系统理论和多目标决策理论，通过对水资源配置目标的具体分析，建立了基于量和质面向经济发展与生态保护的多目标配置模型。禹雪中[75]等结合水库、湖泊的生态与环境调度，从实施调度的必要性、国内外发展研究状况、关键技术和研究技术路线等方面进行了分析，提出了水利工程生态与环境调度研究的总体技术框架。

2005 年 12 月，中国水利科学研究院联合美国自然遗产研究所、全球水伙伴（中国）共同组织召开了"通过改进水库调度以修复河流下游生态系统研讨会"，探讨如何通过改进现有的水库调度与水利设施的管理方式，修复已被日益破坏的河流下游生态系统，改善人类生活环境。前水利部部长汪恕诚曾在全国水利厅局长会议上指出，要建立有利于河流生态保护的水库调度运行方式，做好水利工作中的生态与环境保护工作，充分发挥闸坝等水利工程在保护生态过程中的作用。在随后进行的水利部科学技术委员会全体会议上，他再次强调要研究生态调度问题，水库生态调度的相关研究就此全面展开[76]。

2006 年，余文公等[77]认为水库的调度运行方式对河流生态系统产生重大影响，他从水生态系统与水利工程和谐统一的角度，提出水库应建立生态蓄水位，以保证河流生态蓄水的需要，并以新疆大西海子水库和三峡水库为例，计算了其生态库容。吕新华[62]在对调度现状进行对比分析的基础上，提出了建立基于河流流域生态健康的大型水利工程生态调度模式的对策。蔡其华[9]指出现行水库调度方式存在的主要问题，提出完善水库调度方式的基本思路和对策。傅菁菁等[78]提出在工程枢纽中应布置确保生态流量持续泄放的设施。董哲仁[79]等分析了现行水库调度方法的不足，强调水库应实行多目标的生态调度，即在实现防洪、发电、灌溉、供水等社会经济多个功能目标前提下，尽可能满足河流生态系统的需求。郑志飞[80]等在生态环境需水量研究的基础上，建立了考虑生态环境影响的黄河下游水库群优化调度模型，并针对黄河水流含沙量高的特点，开发了黄河下游水量水质与生态联合调度系统。艾学山[81]等从自然资源的可持续发展利用角度，探讨了水库生态调度的概念及任务，并以经济效益、社会效益和生态效益所组成的综合利用效益最大作为目标函数，建立并求解了多目标生态调度模型。胡和平[82]等以水电站年发电量最大为优化目标，以生态方案为约束，提出了生态流量上下限的时间过程线和以之为基础的生态调度模型。夏自强[63]等从保护河流生态系统的角度，分析了生态调度的内涵及基本内容，并提出和介绍了河流生态需水调度、河流水质调度、河流生态洪水调度、河流泥沙调度、其他生态因子调度和涉及几个专项的综合调度。刘玉年[83]等针对淮河中游水系密布、河网交错复杂、水库闸坝众多等特点，建立了一个能适应复杂水流条件与防污调度要求的淮河中游水量水质联合调度模型。陈求稳[84]在考虑闸坝下游河道鱼类的生态需水情况下，以锦屏梯级电站为例，建立梯级水库生态调度模型。张永勇[85]将闸坝水量水质联合调度模型、遗传算法耦合到流域综合管理模型 SWAT 中，从流域尺度上探讨了闸坝的合理调度模式，并在北京市温榆河流域进行了实例研究。康玲[86]等针对汉江中下游的主要生态问题，为满足河流生态环境需水量及生态洪水模拟的需要，通过建立水库生态调度模型，对丹江口水库进行河流生态需水量和人造洪水的调度。李清清[87]等从满足三峡梯级大坝下游河道生态需水量、改善江湖连通、保护河流生物多样性的需要出发，在常规调度的基础上，提出基于人工造峰的生态调度方法，通过多种调度方式的仿真结果，分析了不同来水条件下三峡梯级生态调度的效果，揭示了不同生态调度目标之间的影响以及人工造峰对防洪调度和发电效益的影响。张洪波[88]基于黄河生态水文指标体系，提出了表征河流天然水流形态的结构化生态管理目标，并将该目标引入模型目标函数，构建了基于结构目标的水库生态调度模型，并提出求解方法。张慧云[89]以沙颖河为研究对象，建立了闸坝群水质水量联合调度的数学模型，在信息不完整的情况下，结合多年雨情资料分析，以空间、时间、水质、水量为情景因子，通过大量的计算，分析不同情景下闸坝之间的相互配合关系，最终归纳出闸坝群的联合调度规律。张丽丽[90]通过研究丹江口水库不同运行调度方案，探讨了利用水文和气象预测、预报信息来指导水库生态调度的可行性。吕顺风等立足于突发水污染情况，研究如何调动闸坝和水库的生态用水并在最短时间内初步治理水污染问题，并采用人工鱼群调度算法（AFSA），用于水的生态调度，并加以约束条件，有快速地跟踪变化和跳出局部极值的优点，能避免算法初期早熟的问题，满足治水需求。

在实践应用方面，20 世纪 90 年代，随着太湖流域水污染问题的加剧，太湖湖水水质不断恶化。为改善太湖湖水水质，太湖流域管理局开展了 2 次"引江济太"调度工程，其实质是一种新的闸坝运行调度方式的尝试。通过将长江水引入太湖，加快水体流动，缩短太湖换水周期，改善太湖水质，提高太湖的调蓄作用，对水污染防治和保障供水方面取得较好的实际效果。目前，该项目还在不断地进行推进，通过太湖闸坝的合理调度，增加调水河道，直至恢复河网水体健康、自然流动。黄河水利委员会针对黄河断流、河道泥沙淤积严重等情况，自 2000 年起，已连续 12 年实施了水量统一调度，通过枯水期的弃电供水，对小浪底水库、三门峡水库、万家寨水利枢纽等进行联合调度，调水调沙，保证入海水量，减轻下游河道淤积，有效避免了黄河断流的现象出现，保证了其下游的用水需求，取得了巨大的综合效益[91]。2004 年 2 月，针对长江支流沱江连续两次出现严重突发性的水污染事件，四川省水利厅紧急实施了跨流域调水，分别通过都江堰、三岔水库调度 5000 万 m³ 和 500 万 m³ 的清洁水源，为污染的沱江水冲污，防止污染事件的进一步恶化。由于珠江河口咸潮上溯，致使珠江沿途水环境恶化，针对这一情况，2004—2005 年，珠江水利委员会委实施了珠江流域梯级水库联合调度措施，通过有效调水，压咸补淡[92]，取得较好效果。在长江，随着三峡工程的竣工运行，为缓解其中下游用水紧张，恢复长江和沿江湖泊的连通性，改善中游通航条件，平衡生态，原来的流域闸坝运行方式被调整，三峡水库将从头年的 11 月到次年的 3 月，择机加大其下泄流量，天鹅洲长江故道、武汉涨渡湖、洪湖等阻隔湖泊试行了季节性的开闸通江[93]。经 2005 年的现场监测表明，在武汉的涨渡湖内重新出现了多年未见的银鱼、寡鳞飘鱼。在淮河，淮河水利委员会采取水污染联防调度、保持污水小排量泄放、人工"错峰"调度高浓度污水、防止干支流雨洪与污水混掺以及制订应急调度方案等措施，防止污水团下泄造成水污染事故，一定程度上改善了河流污染现状。海河流域则针对流域范围内因建闸而导致的水质恶化、河道淤积、鱼类种群下降的状况，通过把其支流永定河和大清河联系起来，有效利用中小洪水，实施两条河流的水量联合调度，用永定河多余的洪水对大清河进行冲污，使得大清河及沿河地区的生态状况得到有效改善[94]。

　　总的说来，随着闸坝工程对河流生态系统影响的逐步显现和人们对河流生态问题的日益关注，近些年来，国内外学者在河流系统结构、水利工程生态效应、闸坝工程生态影响、闸坝调度方式、效果、优化等方面开展了一定的研究工作，并在一定程度上付诸实践，取得良好的效果。但是，我们必须看到，相对于迫切的应用需求，我国关于河流闸坝生态调度的研究工作起步较晚，所取得的成果多数是宏观方面的定性，而在微观定量和实证方面缺乏实用性的工作，特别是在有多座闸坝参与调度的闸坝群生态调度准则和调度方式方面还没有系统的理论研究，尚未形成完善的闸坝生态调度理论体系。

1.3 研究的主要内容及技术路线

1.3.1 研究内容

本书结合国家水体污染控制与治理科技重大专项（2008ZX07209 - 002）子课题基于分质水资源优化调配的北运河河流水系生态适应性管理模式研究 2008ZX07209 - 002 - 004，以北运河为例开展闸坝生态调度研究，主要研究内容包括：

（1）闸坝对河流生态影响研究。详细阐述闸坝建设和运行对河流水文、水力学特性、河流物理、化学特性、生态系统结构、区域生态响应所产生的影响，并通过对原始河流生态评价方法的比较，考虑到影响河流生态的因素具有多层次、不确定性和属性复杂等特点，利用改进的"拉开档次"法对北运河闸坝生态影响进行评价。

（2）闸坝生态调度理论方法研究。在总结国内外对闸坝生态调度的内涵理解的基础上，对闸坝生态调度给出最新的解释和定义。以此为基础，对闸坝生态调度的内容、原则进行了归纳和界定，并对闸坝生态调度目标及其表征形式进行分析和确定。

（3）北运河闸坝生态调度方式研究。针对现行北运河流域闸坝调度的现状和问题，及由此造成的河流生态现状，根据北运河流域功能区划目标、生态系统保护目标及敏感因素，运用基于水功能区划的河流生态需水量计算方法，分时段、分区域、分等级计算北运河河流生态环境需水量，并以此为调度目标，建立以防洪为约束，以河流生态用水为保障的北运河闸坝生态调度模式，提出闸坝生态调度的原则及具体运行方式。

（4）闸坝下游河流水动力及水质演变过程研究。通过建立闸坝群联合调度模型，对北运河闸坝群不同调度运行方式下下游河道水量水质进行模拟，探讨不同调度情况下的河流水动力及水质特性，辨识闸坝调控的河流水动力及水质演变作用过程，为北运河流域正确的闸坝生态调度提供依据。

（5）北运河闸坝运行管理模式研究。针对现行北运河闸坝运行管理的弊端，为适应闸坝生态调度模式，实现调度目标，将企业生产管理领域的绿色供应链管理模式引入到闸坝管理运行中，构建闸坝生态调度绿色供应链管理体系，并对闸坝生态调度绿色供应链管理进行阐述，提出建设性意见。

（6）闸坝生态调度综合效益评价。从生态环境、社会效益、资源、工程技术、经济五个方面作为闸坝生态调度综合评价的依据，确定闸坝生态调度评价指标体系，建立闸坝生态调度综合效益评价模型，评价闸坝生态调度前后的整体综合效益状况，总结闸坝生态调度的优劣。

1.3.2 研究方法及技术路线

本书首先从闸坝建设和运行对河流产生的各种负面影响入手，以北运河为例，对闸坝产生的河流生态影响进行评价，进而强调在闸坝控制条件下，需要改变现有闸坝调度方式，实行闸坝生态调度，逐渐恢复河流生态健康。其次，通过对闸坝生态调度内涵、生态调度的内容、原则、目标、表征形式的分析和归纳，结合北运河流域的实际现状，提出北运河流域闸坝生态调度的具体原则、目标、方式，并通过建立闸坝群联合调度模型，对北运河闸坝群不同调度运行方式下，下游河道水量水质进行模拟，探讨不同调度情况下的河流水动力及水质特性，为北运河流域正确的闸坝生态调度提供依据。最后，为保证闸坝生态调度目标的顺利实现，针对北运河现有闸坝运行管理模式存在的问题，提出以河流生态目标为保障的，具有高效、"绿色"的闸坝运行管理模式，并从生态环境、社会效益、资源、工程技术、经济五个方面作为闸坝生态调度综合评价的依据，建立闸坝生态调度综合效益评价模型，对闸坝生态调度综合效益进行评价。具体技术路线见图1-1。

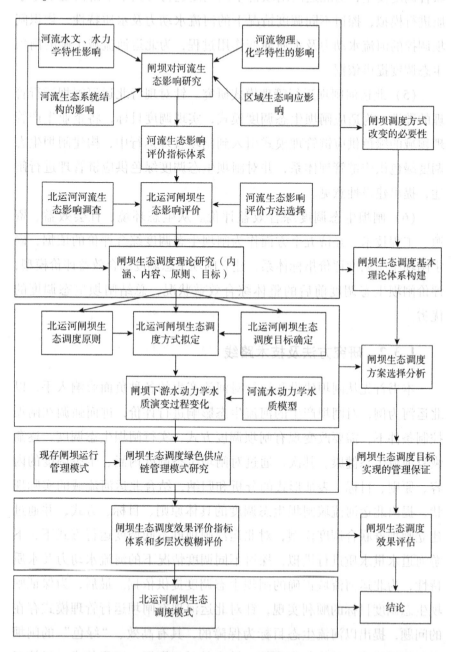

图1-1 研究技术路线图

第 2 章　研究区域基本概况

第 2 章 研究区域基本概况

2.1 自然地理

2.1.1 北运河流域范围

北运河水系位于海河流域北部，东经 115°30′~118°30′、北纬 39°05′~41°30′之间，北倚燕山山脉，西界为永定河，东界为潮白河，南至海河。北运河发源于军都山南麓的昌平、延庆一带，流经北京、天津、河北三省（市），流域面积 6166km²。其中，山区面积为 952km²，占流域总面积的 16%；平原面积 5214km²，占流域总面积的 84%（表 2-1）。以北京市通州区北关闸为界，北关闸以上称温榆河，河道长 47.5km。北关闸以下始称北运河。北运河干流从北关闸至天津市区子北汇流口，河道全长 141.9km（表 2-2）。

表 2-1 北运河流域面积表

河系	河长/km	山区流域面积/km²	平原流域面积/km²	流域面积小计/km²
北京境内	89.4	952	3348	4300
河北境内	21.7	0	237.5	237.5
天津境内	78.3	0	1628.5	1628.5
合计	189.4	952	5214	6166

资料来源：《北运河干流综合治理规划》，2006；《北运河香河段综合整治工程规划方案论证报告》，2009。

表 2-2　北运河（温榆河）流域（区域）地理参数特征值表

流域		面积/km²	主沟长/km	比降/‰	备注
沙河闸段	南沙河	237	26.3	4	指沙河闸以上流域
	东沙河	265	31	16	
	北沙河	597	43.3	5.4	
	合计	1099			
沙河闸—蔺沟区间（左岸）		38			
沙河闸—清河区间（右岸）		75			
蔺沟		377	37.85	6.1	
清河		210	23.6	0.3 - 0.35	
龙道河		38	6.43	0.25	
蔺沟—小中河区间		145			不含龙道河面积
坝河		163	21.7	0.25	
小中河		210	55	0.5	扣除海洪闸以上面积
小场沟		48	6.1	1	
合计		2403			

2.1.2　自然环境概况

北运河地处温带半干旱、半湿润季风气候区，属温带大陆性季风气候，具有冬季寒冷干燥，夏季炎热多雨的特点，冬夏两季气温变化较大，多年平均（1956—2000 年）降雨量为 581.7mm，其中山区为 570.9mm，平原为 584.9mm，是我国东部沿海降水量最少的地区之一，且降雨量呈现年内分布不均、年际变化大、丰枯年份可连续发生的特点。北运河水系降水量年内分配也很不均匀，全年降雨多集中在 6~9 月份，约占全年的 84%，且往往集中在几次强降雨过程，7 月下旬和 8 月上旬多发生暴雨，易形成洪涝灾害；降水的年际变化很大，丰水年可达 800mm 以上，枯水年仅 270mm 左右，连续枯水年有的竟长达 6~9 年，特别是近年来，流域降雨量呈现出逐渐减少的趋势。1956—1979 年北运河水系多年平均雨量为 624.7mm，而 1980—2000 年为 532.5mm，比多年平均（1956—2000 年）减少 8%。1999~2004 年平均降雨量则仅为 422.8mm，比多年平均（1956—2000 年）减少 27%。

流域多年平均（1956—2000 年系列）径流量为 4.81 亿 m^3，其中山区年均径流量为 1.29 亿 m^3、平原为 3.52 亿 m^3。受降雨量减少的影响，近年平均（1999—2007 年）天然径流量仅为 1.8 亿 m^3。由于受地形地貌及纬度高低的影响，地区间气候差异很大，流域年平均气温在 0 ~ 14℃之间；年平均相对湿度 50% ~ 70%；年平均无霜期 150 ~ 220 天；年平均日照时数 2500 ~ 3000 小时，历年最大冻土深度为 62 ~ 70cm。一年四季分明，寒暖适中，适宜许多动植物的自然生长和繁殖。

整个北运河流域地势西北高、东南低。山峰海拔高度约 1100m，山地与平原近乎于直接交接，丘陵区过渡较短，河流源短流急；中下游平原地势开阔，逐渐由山前平原过渡到滨海平原。平原区按成因分为山前洪积平原、中部湖积冲积平原和滨海海积冲积平原。

北运河干流位于湖积冲积平原上，地势平缓、广阔，由西北向东南微倾斜，河道两岸仅分布一级阶地，除通州城区段以外，河道滩地多为农田，堤防外侧为农田、村庄；下游两侧多洼地。北运河河道蜿蜒曲折，堤外地面高程上游北关闸附近在 20.0m 左右，下游屈家店附近在 3.0m 左右，地面坡度为 1/5000 ~ 1/10000，滩地高程与堤外地面基本一致。

2.1.3 社会经济概况

"北运河是北京市五大水系中唯一发源于境内的河流，主要涉及四城区、朝阳、海淀、丰台、石景山、昌平、顺义、通州、大兴 12 个区，乡镇 40 个，行政村 1600 多个。流域内总人口达 963.5 万，占全市人口的 70% 以上，GDP 占全市 80% 以上，是北京市人口最集中、产业最聚集、城市化水平最高的流域。此外，北运河流域粮食、蔬菜、水果总种植面积达 80 多万亩，每年农产品总产量近 2800 万 t，是保障北京市粮、菜、水果供应的重要基地，是北京市农业体系的重要支柱，对北京市的经济发展起着举足轻重的作用。北运河流域与北京城市经济和社会发展密切相关。根据《北京城市总体规划（2004—2020 年）》，北京市的城市体系将由一个中心城、11 个新城（含 3 个重点新城）和 33 个中心镇构成。其中中心城 1086km² 全部属于北运河流域；在规划的 11 个新城中，有昌平、顺义、通州、亦庄、大兴 5 个新城在北运河流域（包括顺义、通州、亦庄重点新城）；33 个重点中心镇中，有 11 个在北运河流域内"。北运河水系主要区县社会经济基本情况见表 2-3。

表 2-3　北运河流域主要区县社会经济基本情况（北京段）

行政区	土地面积 km²	总人口 /万人	城市人口 /万人	农业人口 /万人	人口密度 /（人/km²）	GDP /亿元
中心城及海淀山后	1232	765.5	754	11.5	7332	3116
昌平区	1273.8	78	39	39	578	439
顺义区	412.6	25	8	17	648	506
通州区	828.4	55	25	30	610	188
大兴区	481	40	16	24	381	230
合计	4227.8	963.5	842	121.5	2310	4478

注：表中为 2005 年数据；海淀区（山后地区除外）和朝阳区计入中心城。

2.1.4　水系结构

北运河是海河水系的重要行洪排涝河道，是著名的京杭大运河的一部分，历史上称潞水，又有潞河、白河、沽河和外漕河之称，兴于金代，利用白河下游疏浚而成。通县新北关闸以上称温榆河，温榆河有东沙河、北沙河、南沙河、清河、坝河、通惠河等支流河道汇入。新北关闸以下始称北运河，北运河自西北向东南先后流经北京市的通州区、河北省香河县、天津市武清区、北辰区和红桥区，沿途有凉水河及凤港减河等支流汇入，于老米店村南与永定河相汇，至天津大红桥入海河。20 世纪 70 年代初，国家对北运河中、下游河道进行了治理。为分泄北运河的洪水，减轻北运河的洪水压力，相继开挖了运潮减河、引青入潮等人工河道，确定了大黄堡洼蓄滞洪区的边界范围，使上游温榆河的部分洪水经运潮减河分入潮白河。北运河干流的洪水主要经土门楼泄洪闸、青龙湾减河汇入潮白新河。大黄堡洼是北运河的滞洪洼淀，位于青龙湾减河与北京排污河之间，滞洪面积 272.51km²，洼内由隔堤分为 5 个区。

北运河水系（图2-1）共有干流和一级支流21条，主要二级、三级支流11余条。北运河水系结构见表2-4。

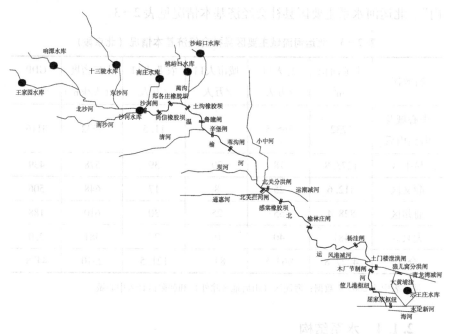

图2-1 北运河水系简图

表2-4 北运河水系结构

序号	干流或一级支流	主要二、三级支流
		北京境内
1	东沙河	锥石口沟、上下口沟、老君堂沟、德胜口沟、十三陵水库补水渠
2	北沙河	四家庄河、高崖口沟、柏峪沟、北小营西河、南口西河、塘猊沟、水沟、白羊城沟、兴隆口沟、辛店河、关沟、辛店二道河、舒畅河、幸福河、邓庄河、涧头沟、旧县河、虎峪沟、中直渠
3	南沙河	沙涧沟、周家港河、十一排干、十三排干
4	蔺沟河	秦屯河、桃峪口沟、白浪河、牤牛河、苏峪沟、葫芦河、沙沟河、钻子岭沟、肖村河、西峪沟、八家沟

续表

序号	干流或一级支流	主要二、三级支流
5	温榆河	孟祖河、唐土新河、方氏渠、龙道河、小场沟
6	清河	北旱河、万泉河、小月河、仰山大沟
7	坝河	土城沟、亮马河、平房灌渠、北小河
8	小中河	中坝河、潮白河引水渠、月牙河、七分干渠
9	通惠河	南护城河、永定河引水渠、南旱河、京密引水渠、昆玉河、长河、前三门暗河、内城水系、北护城河、二道沟、大循环、青年路沟
10	凉水河	莲花河、人民渠、新开渠、水衙沟、新丰草河、马草河、造玉沟、旱河、小龙河、大羊坊沟、通惠排干、半壁店沟、观音堂沟、大柳树沟、通惠北干渠、新凤河、黄土岗灌渠、葆李沟、凉凤灌渠、东南郊灌渠、萧太后河、双桥灌渠、大稿沟、玉带河
11	凤港减河	
12	凤河	旱河、岔河、官沟、通大边沟
13	港沟河	
14	北运河干流	
天津境内		
15	青龙湾减河	
16	龙凤河（北京排污河）	凤河西支、龙北新河、龙河、龙凤河故道、远东干渠、郎园引河、清污渠
17	永定河	新龙河、中泓故道
18	永定新河	机场排水河、北丰产河、增产河
19	子牙河	中亭河、永清渠
20	新开河—金钟河	永金引河、淀南引河
21	北运河干流	

资料来源：北京市北运河流域污染状况调研报告，2008。

2.2 主要水利工程

2.2.1 主要闸坝情况

北运河流域目前共有中小型水库14座，干流上建有9座橡胶坝，防洪、节制闸17座。其中北京市在北运河流域上游山区共建有中、小型水库12座。其中十三陵、桃峪口2座中型水库，总库容0.91亿 m³；王家园、响潭、南庄、沙峪口3座小Ⅰ型水库，总库容0.2亿 m³；南沟、水沟、德胜口、苏峪口、五七、黑山7座小Ⅱ型水库，总库容286万 m³。天津市有中小型水库2座，都位于天津市武清区。于庄水库总库容737万 m³，主要供水对象为武清区下朱庄街道及梅厂镇的部分农田。上马台水库总库容0.27亿 m³，主要供水对象为武清区上马台水库北部灌区、梅厂灌区、王三庄小灌区。此外，10座主要橡胶坝分别为北京市的尚信橡胶坝、马坊橡胶坝、曹碾橡胶坝、土沟橡胶坝、潞湾橡胶坝、甘棠橡胶坝，河北省的曹店橡胶坝，天津市的蒙村橡胶坝、前进道橡胶坝和龙凤河上的新房子橡胶坝。17座防洪、节制闸包括北京市5座，河北省1座，天津市11座。水库及闸坝基本情况见表2-5至表2-7

表 2-5　北运河上游水库概况表

水库	类型	地点	所在支流	流域面积/km²	建成年份	库容/万 m³	坝高/m	最大泄量/（m³/s）	
								正常溢洪道	输水洞
十三陵	中	昌平区	东沙河	223	1958	8100	29	1091	28.5
桃峪口	中	昌平区	蔺沟河	39.91	1960	1008	21.1	682	4.8
沙峪口	小Ⅰ	怀柔区	蔺沟河	16	1960	775	25	117.5	2.8
响潭	小Ⅰ	昌平区	北沙河	57.5	1967	750	42.2	778	2.0
王家园	小Ⅰ	昌平区	北沙河	42.7	1960	512	36.8	1230	22.1

续表

水库	类型	地点	所在支流	流域面积 /km²	建成年份	库容 /万 m³	坝高 /m	最大泄量 / (m³/s) 正常溢洪道	最大泄量 / (m³/s) 输水洞
德胜口	小Ⅱ	昌平区	东沙河	48.9	1960	70	26.0	500	1.2
南庄	小Ⅰ	昌平区	蔺沟河	39	1959	60	8.0	121	1.5
黑山	小Ⅱ	怀柔区	苏峪沟	6.2	1960	39	6.0	31.2	0.5
苏峪口	小Ⅱ	怀柔区	苏峪沟	0.8	1972	28	13.0	20	1
五七	小Ⅱ	海淀区	南沙河	0.5	1969	24	20.0	5	
水沟	小Ⅱ	昌平区	北沙河	25	1977	39	33	72	2.3
南沟	小Ⅱ	昌平区	北沙河	16.2	1981	26	30	51	2.0

表 2-6　温榆河河段主要闸坝基本情况

工程名称	建成时间	建成地点	底板高程/m	闸坝高度/m	闸宽度/m	闸孔数量/个	闸坝间距/m
沙河闸	2000 年扩建	昌平	30.22	3.0	8.5	13	
尚信橡胶坝	2002	昌平	29.00	3.2	80	1	3500
郑各庄橡胶坝	1995	昌平	27.50	3.0	76	1	4260
曹碾橡胶坝	1990	昌平	26.50	2.23	50	1	3560
土沟橡胶坝	2005	昌平	25.00	4.0	80	1	3530
鲁疃闸	1978	昌平	24.04	2.5	6	14	4155
辛堡闸	1972	顺义	22.27	2.5	6	10	5110
苇沟闸	1971	朝阳	18.09	3.0	13		7305

表 2-7　北运河河段主要闸坝基本情况

名称	工程作用	建设地点	建设时间	所在流域	孔数	闸底高程 /m	设计 水位 /m	设计 流量 /(m³/s)	校核 水位 /m	校核 流量 /(m³/s)
北关拦河闸	蓄洪	通州区	2007	北运河	7	15.77	22.40	1766	23.14	2030

名称		工程作用	建设地点	建设时间	所在流域	孔数	闸底高程/m	设计		校核	
								水位/m	流量/(m³/s)	水位/m	流量/(m³/s)
榆林庄拦河闸		拦污	通州区	1969	北运河	15	11.70	18.31	1346	18.86	1835
杨洼拦河闸		防洪	通州区	2007	北运河	15	9.4	15.65	2220	16.79	3300
木厂节制闸		调洪	香河县	1960	北运河	9	8.00	13.50	225	13.70	309
老米店节制闸		调洪	武清区	1972	北运河	16	1.70	5.43	160	7.63	200
筐儿港枢纽	六孔旧拦河闸	挡水分洪	武清区	1960	北运河	6	5.00	8.20	65	—	100
	三孔新拦河闸	挡水分洪	武清区	1972	北运河	3	4.00	8.20	86	8.80	141
	十一孔分洪闸	分洪	武清区	1960	北京排污河	11	4.00	6.50	237	7.26	367
	十六孔分洪闸	分洪	武清区	1960	北运河	16	6.20	8.00	256	—	—
	六孔节制闸	调节水位	武清区	1972	北京排污河	6	3.00	6.72	237	7.51	367
北运河节制闸		调洪泄洪	北辰区	1931	北运河	6	0.80	5.75	400	6.50	400
大南宫节制闸		—	武清区	1972	北京排污河	10	1.69	6.23	256	7.02	378
里老节制闸		—	武清区	1972	北京排污河	4	—	8.46	50	10.58	72
大三庄节制闸		—	武清区	1971	北京排污河	12	—	4.50	268	5.21	398
北京排污河防潮闸		—	北辰区	1971	北京排污河	4	—	3.90	325	4.45	445

2.2.2 堤防工程

1949 年后，北运河流域先后对两岸堤防进行了整治，现两岸堤防共 182.5km。北运河北关闸以上为温榆河，全长 47.5km。曹碾橡胶坝以上河道堤防按 10 年一遇洪水设计，20 年一遇洪水校核。曹碾橡胶坝以下河道按 20 年一遇洪水设计，50 年一遇洪水校核。北关闸以下是北运河，全长 41.9km，河道堤防标准按 20 年一遇洪水设计，50 年一遇洪水校核。右堤超高 2m，左堤超高 1.5m。运潮减河全长 11.5km，河道堤防按 20 年一遇洪水设计，50 年一遇洪水校核。左、右堤超高 2m。表 2-8 为北运河堤防工程统计表。

北运河在北京市境内河道弯曲多变，左右岸大堤在河床固定地段堤距较窄，在河床弯曲地段堤距较宽，左右岸堤距约在 500~2000m 之间。为了保证京津公路安全，北运河堤防以右堤防为主，右堤较左堤高 0.5m，分别在 1972 年、1977 年、1989 年、1992 年和 1993 年对堤防各段分别进行了河道堤防整治，确保堤防安全。

表 2-8 北运河系堤防工程基本情况表

河系	县区	左岸			右岸		
		长度（km）	起讫地点		长度（km）	起讫地点	
			起	讫		起	讫
温榆河	昌平	16.4	沙河闸	鲁疃闸	21.0	沙河闸	鲁疃闸
	顺义	14.7	鲁疃闸	楼台南	2.7	鲁疃闸	清河口
	朝阳				18.6	辛堡闸	坝河口
	通州	13.38	楼台南	北关闸	3.45	坝河口	北关闸
北运河	通州	34.5	北关闸	牛牧屯引河口	34.6	北关闸	金坨村正西套堤
运潮减河	通州		引河口	入潮白河	11.44	裹头尖	入潮白河

2.2.3　大黄堡蓄滞洪区

大黄堡为北运河的蓄滞洪区，是北运河防洪体系的重要组成部分，属国家一类重点蓄滞洪区，地处天津市宝坻区、武清区和宁河县境内，总面积 289.4km²。区内地势西北高、东南低，平均高程 1.5m（国家 85 高程，以下如未特殊说明，均为国家 85 高程）。大黄堡蓄滞洪区分为Ⅰ、Ⅱ、Ⅲ、Ⅳ、Ⅴ共 5 个滞洪小区，其中Ⅰ区和Ⅴ区以大尔路为隔埝；Ⅰ区和Ⅱ区以柳河干渠左堤为隔埝；Ⅰ区和Ⅲ区以闫杜排干北堤为隔埝；Ⅲ区和Ⅴ区以九园公路和大尔路为隔埝；Ⅲ区和Ⅳ区以清污渠北堤为隔埝。根据规划，为满足防洪、蓄水等需要，近期大黄堡蓄滞洪区要修建大黄堡滞洪水库。

大黄堡蓄滞洪区地处温带大陆性季风气候区，多年平均降水量约 611mm，七、八月份雨量较集中，占全年降水量的一半以上。气候特点是冬寒晴燥，夏热多雨，春旱多风，冬夏两季气温变化较大。

大黄堡蓄滞洪区在行政区划上隶属天津市的武清、宝坻、宁河 3 个区县。目前，蓄滞洪区在 3 区县的管理体制基本一致，均由水行政主管部门履行工程管理及防汛管理两种职能。虽然天津市已经制定了《蓄滞洪区运用补偿暂行办法》，水利部门对蓄滞洪区的管理也只涉及安全建设、工程管理和调度运用，在宏观社会管理方面，首先，由于管理体制及政策、法规等方面落实不到位，基本处于无人管理状态。蓄滞洪区内的人口增长未得到有效控制，建设管理不当，在区内建设工厂等设施，增加了蓄滞洪区分洪运用的困难和损失。

其次，蓄滞洪区管理机构不健全，目前武清、宝坻和宁河 3 区县的蓄滞洪区管理均由水务局的某一科室管理。由于蓄滞洪区建设投资不足，安全建设设施不能正常维护，损失破坏严重，急需研究有关政策，健全管理机构，落实管理维护资金，以充分发挥防洪效益。

建库前大黄堡蓄滞洪区分区见图 2-2，建库后大黄堡蓄滞洪区分区见图 2-3。分区面积见表 2-9。

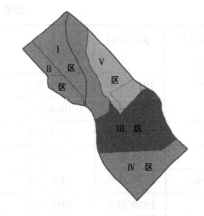 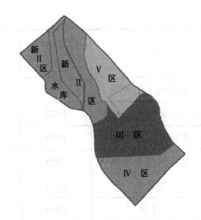

图 2-2 建库前大黄堡蓄滞洪区分区图　　图 2-3 建库后大黄堡蓄滞洪区分区图

表 2-9 大黄堡蓄滞洪区分区面积表

现状分区	Ⅰ区	Ⅱ区	Ⅲ区	Ⅳ区	Ⅴ区	总计
面积/km²	80.6	25.9	81.2	53.9	47.8	289.4
建库后分区	水库	新Ⅱ区	Ⅲ区	Ⅳ区	Ⅴ区	总计
面积/km²	24.5	82	81.2	53.9	47.8	289.4

2.2.4　主要水文站基本情况

北运河流域主要水文站多为重点水利工程水文站，主要有通县、乐家花园、榆林庄、牛牧屯、赶水坝、土门楼（青）、土门楼（北）、筐儿港、屈家店、耳闸等 12 个水文站，见表 2-10。

表 2-10 北运河水系主要水文站资料情况表

站名	设站时间 /年	流域面积 /km²	水位资料 /年	流量资料/年
通州	1918	2478	1918 至今	1918—1921； 1934—1935 1947—1948； 1954 至今
乐家花园	1977	199	1977 至今	1977 至今
榆林庄	1956	684	1956 至今	1956 至今

站名	设站时间/年	流域面积/km²	水位资料/年	流量资料/年
北运河土门楼站	1930	2850	1949 至今	1949 至今
青龙湾减河土门楼站	1924	—	1964 至今	1964 至今
筐儿港减河筐儿港站	1955	—	1955 至今	1955 至今
北运河筐儿港站	1955	—	1955 至今	1955 至今
屈家店	1935	51100	1935 至今	1935 至今
耳闸	1950	—	1950 至今	1950 至今

资料来源:《北运河干流综合治理规划》,2006。

2.3 水资源开发利用状况

2.3.1 流域供水

2005 年,北京市北运河流域总用水量为 24 亿 m³,其中生活用水 9.6 亿 m³,占总量的 40%;工业用水 5.3 亿 m³,占总量的 22%;农业用水 8 亿 m³,占总量的 33%;生态环境用水 1.1 亿 m³,占总量的 5%。河北北运河流域总用水量 1.56 亿 m³,其中生活用水 0.29 亿 m³;工业用水 0.13 亿 m³;农业用水 1.14 亿 m³。天津市北运河流域总用水量 5.42 亿 m³,其中生活用水量 0.21 亿 m³,占总量的 4%;工业用水 2.67 亿 m³,占总量的 49%;农业用水量 2.51 亿 m³,占总量的 46%;生态用水量 0.03 亿 m³,占总量的 1%。

北运河河道内现状水量主要为污水处理厂的退水及入河污水。由于受水质及引水工程限制,地表水利用量较少。1999 - 2005 年北运河流域昌平、海淀、朝阳、顺义、通州、大兴 6 个主要行政区平均年供水量 13.33 亿 m³,其中地表水 1.14 亿 m³,仅占供水总量的 9%,主要用于通州、大兴区的农业灌溉。

为改变潮白河断流的局面,2006 年北京市实施了引温入潮工程。

该工程从温榆河鲁疃闸上游 1.46km 处左岸取水，采用膜生物反应器工艺对现状温榆河水进行净化处理后经湿地入城北减河，最终汇入潮白河向阳闸下游。按照规划，平水年和枯水年可引水量分别为 4000 万 m³ 和 3800 万 m³。目前年引水量为 3800 万 m³。引温入潮工程的实施对北运河流域，尤其是下游东南郊水网的水资源分布及生态环境都将产生深远的影响。

2.3.2 流域排水

2005 年，北运河流域内各省市污水排放量见表 2-11。

表 2-11 北运河流域各省市污水排放量

河流所在省市	污水排放量/（万 t/a）		
	生活	工业	合计
北京	71464.1	36795.7	108259.8
天津	122.7	350.2	472.9
河北	26.0	267.5	293.5
合计	71612.8	37413.4	109026.2

资料来源：《北运河干流综合治理规划》，2006。

2.3.3 再生水利用情况

1. 北京市

2005 年全市再生水利用量 2.6 亿 m³（含中水 0.2 亿 m³），利用率约 30%。其中工业冷却循环用水 1.0 亿 m³，农业灌溉 1.2 亿 m³，市政杂用和河湖景观用水 0.4 亿 m³。

中心城已建成第六水厂（17 万 m³/d）、方庄（0.5 万 m³/d）、肖家河（2 万 m³/d）、酒仙桥（6 万 m³/d）中水厂 4 座，总生产能力 25.5 万 m³/d。建成中水管线约 245km。中心城建成建筑中水设施 300套，处理能力 5 万 m³/d。

2005 年市政杂用和河湖景观利用再生水 0.4 亿 m³，主要用于坝河、龙潭湖、朝阳公园、陶然亭公园、天坛公园以及部分道路浇洒、洗车等方面。

工业冷却循环用水 1.0 亿 m^3，主要用于第一热电厂、华能热电厂、石景山电厂和高井电厂等热电厂的冷却用水。

农业灌溉方面，2005 年已在通州区、大兴区、房山区、怀柔区、顺义区、朝阳区和平谷区建成再生水灌区 15 万亩，主要分布在通州新河灌区、大兴北野厂灌区和房山周口店灌区等地，用水量约 1.2 亿 m^3，占农业总用水量的 8.9%，见表 2-12。

表 2-12　北京市 2005 年再生水灌溉利用情况

区县名称	灌区名称	面积/万亩	水源	用水量/（万 m^3/年）
通州区	新河灌区	10.50	高碑店污水处理厂	8273.70
大兴区	北野厂灌区	2.00	黄村污水处理厂	1844.58
房山区	周口、城关、闫村等 6 处	0.70	良乡污水处理厂	718.96
怀柔区	雁栖灌区	1.00	雁栖污水处理厂	600.00
顺义区	赵全营灌区	0.02	北郎中污水处理厂	2.25
朝阳区	王四营灌区	0.20	酒仙桥污水处理厂	79.50
平谷区	平谷镇灌区	0.58	东鹿角污水处理厂	304.77
总计		15.00		11823.76

资料来源：《北京市"十一五"再生水利用规划》，2006。

2. 天津市

天津市利用污水灌溉已有 40 多年的历史。其发展过程大体分为三个阶段：1958 年前是农民自发的以点、片为基础的区域性灌溉；自 1958 年开挖大沽、北塘两大排污河和 1971 年北京排污河竣工后，使天津污灌成片地发展起来；到 20 世纪 80 年代，由于严重干旱，河流来水骤减，天津市农用水资源严重缺乏，迫使城市工业、生活污水作为水资源被开发利用，促进了污灌进一步发展，污灌农田由原来集中于三个污灌区，变为遍及全市各区县。据 1999 年农业部门调查结果，全市污水灌溉面积为 351.05 万亩，其中直接利用工业或城市污水灌溉面积 191.86 万亩（称直接污灌），引用河道中超过农灌水质标准的水体进行灌溉的面积 178.73 万亩（称间接污灌）。

全市直接污灌区包括大沽排污河灌区、北塘排污河灌区和北京排污河灌区，见表 2-13。

表 2-13　天津市直接污灌区概况

水源	郊县名称	基本情况		污灌范围		污灌类型			污灌面积	
		区乡/个	耕地/万亩	区乡/个	占总乡/%	纯污/万亩	清污混灌/万亩	间歇/万亩	总面积/万亩	占耕地/%
大沽排污河	西青	9	24.47	9	100	3.39	7.92	4.14	15.45	63
	津南	11	22.55	6	55		4.07		4.07	18
	合计	20	47.02	15	75	3.39	11.99	4.14	19.52	42
北塘排污河	东丽	9	20.93	7	78	4.16	3.38	1.59	9.12	44
北京排污河	武清	34	137.62	30	88	4.88	95.19	20.28	120.35	87
	宝坻	35	115.85				10.01		10.01	9
	北辰	12	28.07	5	42		11.03		11.03	39
	宁河	22	59.30				2.30		2.30	4
	合计	152	455.81			15.82	145.83	30.15	191.86	42

资料来源：《天津市再生水资源利用总体规划》，2007。

2.4　流域生态环境现状

2.4.1　河道断流

北运河属海河流域，该流域山区水库控制着山区面积的 85%。遇干旱年份，山区径流大部分被拦蓄，水库下游全年几乎无水。根据对北运河流域中、下游 5787km 河道调查统计，常年断流（断流超过 300 天）河段占 45%，常年有水河段仅占 16%。1980 年以来，永定河卢沟桥—屈家店河段，只有 3 年汛期有少量径流，过流时间不足半月；大清河、子牙河近 20 年来年年断流，多年平均河道干涸 300 天以上；漳卫南运河系，除卫河尚有少量基流外，漳河、漳卫新河年断流 280 天以上；南运河段基本常年干涸。

2.4.2 地质生态环境恶化

由于地表水资源的大力开发，北运河流域地下水开采量日趋严重。从1964年开始进行大规模打井，1972年大旱，全流域掀起更大规模的打井高潮。至1979年，流域机井数量猛增到60万眼，10年间增加了2倍。目前，流域内共有各类机井120万眼，平均每平方公里8.2眼。目前，全流域地下水年开采量达243亿 m^3，超采65亿 m^3，累计超采900亿 m^3，浅层、深层地下水超采面积分别占平原区总面积的32%和40%。地下水漏斗成片，地下水资源面临枯竭，引起了区域性地面变形、沉降、塌陷、地表及堤防裂缝等地质灾害。同时引起海水入侵、咸淡水界面下移、淡水咸化等一系列地质环境问题。

2.4.3 水污染加剧

随着人口增加和经济社会的发展，北运河上游地区水资源的开发力度加大，大量的工业废水和城镇生活污水的排入，加上来水量日益减少乃至断流，北运河河流水污染状况不断加剧。2000年，全流域工业废水和城镇生活污水排放总量达53.9亿t，其中87%的污水未经处理就排入了河流和水库，污径比高达1：4，污染物浓度远高于国家地面水环境质量标准。每年54亿t污水有10亿t通过排污河道或随洪涝水入海，44亿t污水消耗于蒸发、渗漏或用于农业灌溉，因此，使地下水和近岸海域严重污染。地下水污染威胁着供水安全，同时农业污水灌溉已对土壤和作物造成污染和影响，并威胁着人体健康。

2.4.4 生物资源现状

由于缺乏长时期的生物监测资料，所以北运河生物资源现状参考河南师范大学2009—2010年近一年的实地调查结果发现，由于河流生态环境的恶化，北运河流域生物种群受到较大影响，部分生物已经灭绝或濒临灭绝，其中在北运河天津段主要发现了有4个科共7种鱼类，分别是鲤科：鲫鱼（绝对优势种）、鲤鱼、麦穗鱼、餐条；鳢科：乌鳢；鮎科：鮎；鳅科：泥鳅，而北运河北京段鱼类几乎濒临灭绝。

2.5　本章小结

　　本章介绍了北运河流域的基本情况，包括流域范围、自然地理、社会经济、流域水系结构以及流域主要水利工程、水资源开发利用状况等。对流域的生态环境状况进行了总结分析。结果表明，北运河的生态环境状况严重恶化，影响制约着流域经济社会的发展，需要采取工程及非工程措施对北运河流域生态状况进行修复。

第3章 闸坝对河流生态影响研究

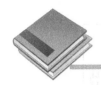

第3章 闸坝对河流生态影响研究

3.1 闸坝对河流生态的影响

河流水系是自然环境的血管血液，完整的河流生态系统应该是动态的、开放的、连续的，拦河筑坝建闸显然破坏了河流的连续性，对河流的生态环境产生极大的影响和破坏。而这种影响又是潜在的、逐步的、复杂的、长期的过程（图3-1）。从现象上看，闸坝对于河流生态系统的影响包括两个方面：一是闸坝存在的本身给河流带来的负面影响，造成闸坝上下游河流地貌学特征的变化；二是在闸坝运行过程中对河流生态系统的胁迫，造成自然水文周期的人工化。由此影响着河流的水文、水力特性，河流物理、化学特性，河流生态系统结构及区域生态响应的改变。

3.1.1 闸坝对河流水文、水力学特性的影响

闸坝对河流水文、水力学特性的影响主要包括闸坝对流量、水位、流速、泥沙、河道、河床的影响等。闸坝的修建使得河流形态被人为的均一化和非连续化，改变了河道的空间结构，致使河流片段化。闸坝修建前，河流流量、水位、流速随着流域降雨、径流的季节性变化而变化，形成径流量等的丰枯周期变化。汛期降水增多形成洪水后，逐渐进入枯水季节，水量减小、水位下降、流速降低。这种水文周期的季节性变化是河流系统中众多植物、鱼类和无脊椎动物生长繁殖的基本条件。闸坝的修建改变了河流这种自然变化规律。汛期，为了防洪、发电的需要，通过闸坝的节流控制，减少了洪水发生频率和流量；相反，在枯水季节为满足灌溉、航运的需要，通过改变泄流方式，增加下泄流量。这种均一化的径流模式削弱了河流与河岸、洪泛平原之

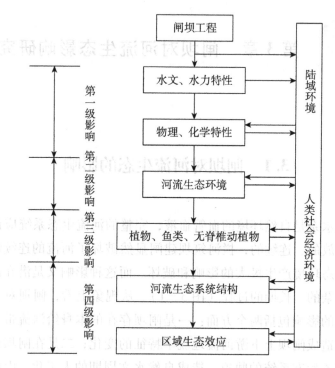

图 3-1 闸坝对河流生态影响分层框图

间的联系，造成物质循环的减弱甚至中断，影响生态系统的能量流动，导致河流、河岸、洪泛平原等各类生态环境产生相应的变化，引发生态平衡失调。

闸坝修建前，大量的泥沙被自然流动的河水带到下游，并通过沉积作用来保护河道、河床。闸坝建成蓄水后，使本来自然流淌的河流形成了相对静止的人工湖泊，水位升高，过水面积加大，流速降低，导致颗粒物迁移、水团混合性质等显著变化[95]，强水动力条件下的河流搬运作用，将逐渐演变成为弱水动力条件下的"湖泊"沉积作用[96]，大量泥沙被淤积在湖泊内，形成回水三角洲，随着时间的推移，三角洲朝闸坝方向逐渐递升，泥沙颗粒直径变小。同时由于泥沙等颗粒物质的沉积，使湖泊内水质变清，当闸坝泄流时，这些泥沙含量不饱和的清水加大对下游河道、河床的冲刷，使下游河道变深变窄，河床降低，闸坝附近的平原地下水降低，增加土壤的盐渍化，进而使植被覆盖率下降，湿地逐渐萎缩、破碎。此外，由于闸坝的调控作用，使得河道内长期处于高水位，而这种人为的非汛期洪水对河边植物的生长产生影响，河边植物的减少变化，削弱了对河岸的保护作用，影响局部河道的不稳定性。

3.1.2 闸坝对河流物理/化学特性的影响

闸坝修建形成水库、湖泊等静水区后，河流水环境的物理、化学特性也随之发生变化[97]。闸坝对河流水体的物理、化学特性的影响主要包括闸坝对河流水温、水质的影响。

自然河流水体体积相对较小，紊动掺混作用较强，沿水深方向的水温分布比较均匀，水温随气温的改变而迅速变化。闸坝蓄水形成了相对静止的巨大水体，热容量增加，水体透光性能变差，下层水体阳光缺乏，这样当阳光向下照射水体表层后，以几何级数的速率减弱，热量也逐渐向下层水体扩散，由于水在4℃时密度最大，温度低的水体向湖底下沉，这就形成了温度分层现象。库水的年平均温度随水深的增加而降低，据观测，在水面处年平均水温比年平均气温高2~3℃，在水深50~60m处，年平均水温较年平均气温低5~7℃[98,99]。与自然河流相比，分层变化的水温使水库体系内生源要素的生物地球化学行为发生明显变化[100]，进而对水质产生不利的影响。

闸坝对河流水质影响包括水的盐度变化、pH值变化、富营养化等，进而导致水体自净能力减弱，水环境容量降低。随着闸坝蓄水过水面积增大，大面积水面暴晒在太阳直射下，水量蒸发加大，水中盐度上升。同时，由于水域面积扩大，淹没浅滩和农田等，原来残留的盐分进入水体，也会使盐度升高。由于水库、湖泊的沉积作用，相当数量的颗粒态物质被截留，其中的营养物质，当气温较高时，会使水体表层藻类大量繁殖，容易产生水华现象，而藻类的大量蔓延繁殖则影响水中大植物的生长，使之萎缩甚至死亡，加上由于水库淹没作用，大量陆上植被沉入水中而死亡和水中原有的藻类等水生生物、有机物的死亡、腐烂，消耗水中的溶解氧，溶解氧含量降低又会使水生生物"窒息而死"，有机质分解成为厌氧分解，释放 H_2S、CO_2、N_2O 等气体，从而会增加水体酸度，水体 pH 值降低。

富营养化是指水体内因氮、磷等营养元素的富集，导致某种优势藻类大量繁殖生长，水体整个环境系统失衡，水质恶化的过程。闸坝等水利工程的修建，改变了河流流态，降低了水体流速，更为富营养化的形成提供了便利条件。闸坝蓄水形成静水区后，水体滞留时间增加、流速减缓，使水体内的生物地球化学过程呈现出更多的"湖沼学反应"特征，制约生源要素沉淀与溶解/絮凝、吸附与解吸等，使水库中的营养物质的迁移和转换明显不同于自然河流[101]，影响到固—液相反应的动态平衡。随着水位的升高，流速下降等水体流动环境物理因素的改变，使水体扩散输移能力和生化降解速率减少，大量的营养物质在库区内滞留，导致污染物浓度增加，发生富营养化的风险加大。

3.1.3 闸坝对河流生态系统结构的影响

闸坝主要通过对河流生态系统中生物的生长和繁殖的影响，改变其种群和数量，进而影响河流生态结构。与其他生态系统相比，河流生态系统具有生物群落与生境的统一性、结构的整体性、自我调控与自我修复以及淡水服务功能的特点。闸坝的建设造成河流形态的不连续性，使得动水生境变成了静水生境，水深加大，太阳辐射减弱，水生生态体系由以底栖附着生物为主的"河流型"异养体系向以浮游生物为主的"湖沼型"自养体系演化[102]，光合作用变弱，物质循环和能量流动不如河流自然形态下通畅，生态系统生产力降低，改变或者影响浮游生物的生长环境条件，导致微生物群落种群数量急剧增加。同时由于淹没原有的两岸植被、废弃的农田以及未清除的垃圾、工业废料、农药残留等，使得水质富营养化，浮游植物数量进一步增加。闸坝蓄水后，淹没了大量的森林、草地、湿地、耕地等，这些区域的植被被永久性破坏，进而对生态环境造成严重影响。同时，由于闸坝的修建，引起新城市、新道路的建设，又进一步扩大了对河流生态系统周边地区的植被破坏，导致区域物种的灭亡等一系列连锁反应。

闸坝的建设对水生动物，特别是鱼类的生长、繁殖产生严重的影响。闸坝对水流调节控制后，防止了下游洪泛平原的淹没，这将使许多鱼种丧失产卵场地和重要的食料来源。鱼类进食和繁殖的洪泛平原的大片损失对于鱼类种群可能产生严重的影响；大批洄游性鱼类的迁徙活动发生在流量增加或者季节性洪水期，一般在水流增加时向上游游动，而当水流缓慢时几乎不向上游游动。闸坝蓄水后改变了河流径流季节性变化的规律，水文过程趋于均一化，致使一些靠水文信息进行生命循环的鱼类水生动物失去刺激性信号，最终导致生命中断；闸坝还切断了天然河道或江河与湖泊之间的通道，使鱼类觅食洄游和生殖洄游受阻。鱼类经过溢洪道、水轮机等，因高压高速水流的冲击而受伤或死亡，同时高速水流容易产生氮氧含量过于饱和的现象，使鱼类产生气泡病而死亡；闸坝蓄水后，河流环境变成水库等静水环境，流水性适应的鱼类就无法生存，取而代之是以净水生活为主的种类。静水环境出现的水温分层对当地鱼种产生重大的影响，那些对温度有一定要求的鱼种，如果不能忍受强加的水温条件，就会消亡，即使那些可以忍受这一条件的成鱼，繁殖还是会受到不利的影响；鱼类一直受到浮游生物、漂移无脊椎动物及河底生物群落变化的影响。水流季节性和昼夜间变化规律的改变，将引起浮游生物、漂移无脊椎动物及河底生物群落自然漂移变化，它们都是鱼类的重要食料，因此鱼类繁殖的习性会受到影响。此外水质的化学变化对鱼类的影响也十分重要。由于深层水缺氧使 pH 值改变，氨和硫化氢的增加，进一步引起下游的鱼类生物遭受营养缺乏的影响。而库区的水体富营养化将直接导致鱼类等水生生物的死亡。鱼类是河流生态系统中的顶级生物，鱼类的种群、数量的改变将对河流生态系统起到决定性作用。

闸坝的建设使原来河流上中下游蜿蜒曲折的形态在库区消失，干流、支流、沼泽、急流、浅滩等丰富多样的生境变成了一个相对封闭、自我恢复能力较弱、单一的水库生境，生物多样性在不同程度上受到影响，进而改变了河流生态系统结构和功能。湿地生态系统是河流生态系统的重要组成部分，享有"地球之肾"的美誉，对水体具有很强的净化功能；河岸带植物能够涵养水分，有利于水土保持；水域中水生植物可以吸收、分解、利用水域中的氮、磷等营养物质以及细菌和病毒，并可富集金属及有毒物质。而在水中的鱼类和浮游动物也对植物、藻类和微生物进行吸收、分解，生物净化的过程是在河流生态系统的食物链（网）中进行的复杂的生物代谢和物理化学过程。通过这个过程水体中的各种有机物、无机溶解物和悬浮物被截留，有毒物质被转化，可以防止物质的过分积累而形成的污染，从而清洁水体。此外水域和湿地还为人类提供各种食物和生活物质，缓解旱涝灾害，提供优美水域景观的功能。河流生态系统的破坏，将使得河流系统的这些服务功能下降，影响人类的生产和生活[103]。

3.1.4　闸坝建设的区域生态响应

闸坝蓄水后，改变了河流原有的下垫面状况，热容量增大，空气湿度增大，气温变幅减小，对当地的环境质量与小气候具有一定的改善作用；库区周围无霜期延长、温差缩小、最高气温降低、湿度增加。

同时，闸坝建设使得下游水流、泥沙和生源要素等的流动、运移模式发生改变，进而影响生物地球循环以及河流缓冲区域生态系统的结构和动态平衡，使得河流生态系统随之调整；闸坝降低了河流径流峰值，分割了下游河流主河道与冲积平原的物质联系，导致冲积平原生态系统中部分物种退化、消失[104]；闸坝改变了水流温度模式，影响河流生态系统中的生物能量和关键速率；闸坝对河流上下游的生物体和养分的运移产生障碍，阻止物质交换，严重影响下游河流生态系统的食物链；闸坝使得大量颗粒泥沙在河道中沉降，改变了下游河床基质，降低下游附卵栖息地的生态环境质量，影响鱼类等生物的生存。

此外，闸坝蓄水后对河岸带生态系统结构、功能具有显著影响，导致河岸带生态功能退化[105]。河岸带具有滞留、过滤污染物，保护侵蚀河岸，改进邻近区域气候，促进地表水、地下水的循环，产生、保持水陆交错带植被群落，维持无脊椎动物丰富性和多样性，从而维持河流内部生境结构及其食物链等功能[106]。水量的多少直接影响着河岸带的生态，而且在对应不同保护目标的情况下，河道水体本身的生态系统将对应不同的河道流量。筑坝蓄水后，改变了河流消长周期和规律，破坏了原河岸带生态系统和其原来的功能[107,108]。洪泛平原生态系统适应洪水的季节性变化，而洪水脉动是维持洪泛平原生态系统平衡的关键因素，筑坝人为调节洪水脉动幅度和频率，导致洪泛平原生态系统结构、功能失稳，进而影响河流和流域的生态系统。

3.2　北运河河流生态影响评价

北运河是京杭大运河的一部分，历史上洪涝灾害频发，给人们的生产和生活带来很多不便。为了治理北运河流域洪涝灾害，开发利用水资源，20 世纪 50 年代起先后在上游山区修建中小型水库 12 座，控制山区流域面积的 79%；70 年代初对北运河进行了疏浚和筑堤治理，并沿河修建北关、土门楼和筐儿港水利枢纽等大型拦河闸 10 座，年蓄水量 1.2 亿 m^3，可灌溉农田 54 万亩，减少淹涝面积 100 余万亩。为解决超标准洪水威胁问题，同时为减轻北运河及支流通惠河及凉水河和下游的防洪负担，60 年代初在北关拦河闸的东侧修建了分洪闸及 11.5km 长的运潮减河，向潮白河分洪，其最大泄洪量达 $900m^3/s$。水库闸坝工程在流域防洪、农业灌溉和供水等方面发挥了巨大的效益，但也产生了一系列负面影响。作为典型的闸坝控制河流，80 年代以后，随着上游用水量增加和工农业、生活废污水的大量排入，干旱、断流、生态环境恶化已成为北运河流域主要问题。北运河主河道水体已超过国家地表水 V 类水质标准，属于严重污染的评价等级。河水浑浊、发黑、发臭。污染水体已严重破坏了河流的生态系统结构，造成河流生态功能退化，且对地下水质构成了严重威胁，危害着当地人民的身体健康，制约着本地区社会经济的可持续发展。

根据北运河流域不同区域规划，北运河以安全下泄上游洪水、排除北京城区和农田涝水、下游农业灌溉，以及中下游景观娱乐等为其主要功能。现阶段，开展北运河生态影响评价，定量评价其存在的状况，对于北运河流域综合治理具有重要作用。

目前国内外对河流生态影响及健康评价开展了许多研究。Karr[109] 基于一系列对环境状况变化较敏感的指标，提出了生物完整性指数（简称 IBI）法对河流健康状况进行评价。Ladsonetal[110] 尝试将描述河流水文特征的参数和指标用于评价河流生态健康状况。Brierley[111]等提出河流形态结构框架，并提供流域不同河段河流特征的基础调查以及河流形态结构控制的评价程序。我国许多学者在借鉴国外经验的基础上，对河流生态健康评价的方法、理论进行了深入探索，并在实践中使用专家调查法[112-114]、层次分析法[115]、主成分分析法[116,117]、均方差法[118]、熵值法[119]等对河流进行生态评价。这些评价方法所使用的数学原理大体可分为基于"功能驱动"和"差异驱动"两类。前者主要根据评价者的工作经验、知识结构及偏好等来确定指标权重，其评价存在主观随意性；后者根据样本数据自身的客观信息特征，利用比较完善的数学理论和方法进行权重判断，但却忽视了在评价或决策问题中评价者的主观信息。对河流生态进行评价涉及水文、环境、生物等许多因素，且这些因素具有多层次、不确定性和属性复杂等特点[120]，要给出一个满意的评价比较困难。本书采用改进的"拉开档次"评价方法，充分考虑评价过程中的客观和主观信息，对北运河河流生态状况进行逐层、全面评价。

3.2.1　改进的"拉开档次"法

1. "拉开档次"法原理[121]

如果从几何角度来看，n 个被评价对象可以看成是由 m 个评价指标构成的 m 维评价空间中的 n 个点（或向量）。寻求 n 个被评价对象的评价值（标量）就相当于把这 n 个点向某一维空间做投影。选择指标权系数，使得各评价对象之间的差异尽量拉大，也就是根据 m 维评价空间构造一个最佳的一维空间，使得各点在此一维空间上的投影点最为分散，即分散程度最大。

取极大型指标 x_1，x_2，$\cdots$，x_m 的线性函数

$$y = w_1 x_1 + w_2 x_2 + \cdots + w_m x_m = w^T x \tag{3-1}$$

为被评价对象的综合评价函数。式中，$w = (w_1，w_2，\cdots，w_m)^T$ 为 m 维待定正向量，即权系数向量；$x = (x_1，x_2，\cdots，x_m)^T$ 为被评价对象的状态向量。将第 i 个被评价对象 s_i 的 m 个标准观测值 x_{i1}，x_{i2}，$\cdots$，x_{im} 代入式（3-1），则有：

$$y_i = w_1 x_{i1} + w_2 x_{i2} + \cdots + w_m x_{im} = \sum_{j=1}^{m} w_j x_{ij}, i = 1, 2, \cdots, n \quad (3-2)$$

若记:

$$y = \begin{bmatrix} y_1 \\ y_2 \\ \vdots \\ y_3 \end{bmatrix}, A = \begin{bmatrix} x_{11} & x_{12} & \cdots & x_{1m} \\ x_{21} & x_{22} & \cdots & x_{2m} \\ \vdots & \vdots & & \vdots \\ x_{n1} & x_{n2} & x_{n3} & x_{m4} \end{bmatrix}$$

式 (3-2) 可写成:

$$y = Aw \qquad\qquad (3-3)$$

确定权系数向量 w 的准则是能最大限度地体现出"质量"不同的被评价对象之间的差异。如果用数学语言来说,就是求指标向量 x 的线性函数 $w^T x$,使此函数对 n 个被评价对象取值的分散程度或方差尽可能地大。

而变量 $y = w^T x$ 按 n 个评价对象取值构成样本的方差为:

$$s^2 = \frac{1}{n} \sum_{i=1}^{n} (y_i - \bar{y})^2 = \frac{y^T y}{n} - \bar{y}^2 \qquad (3-4)$$

拉开档次法确定权系数的准则是求指标向量 x 的线性函数 $w^T x$,使此函数按 n 个被评价对象取值的分散程度或方差尽可能大。将 $y = Aw$ 代入式 (3-4) 中,并注意到原始数据的标准化处理,可知 $\bar{y} = 0$,于是有:

$$ns^2 = w^T A^T A w = w^T H w \qquad\qquad (3-5)$$

式中: $H = A^T A$ 为实对称矩阵。

当对 w 不加限制时,式 (3-5) 可取任意大的值,此处限定 $w^T w = 1$,求式 (3-5) 的最大值,也就是选取 w,使下式成立:

$$\begin{cases} \max w^T H w \\ \text{s. t. } w^T w = 1 \\ w > 0 \end{cases} \qquad (3-6)$$

对于式（3-6），当取 w 为 H 的最大特征值所对应的标准特征向量时，$w^T H w$ 取得最大值。将 w 归一化后得到权重系数向量 $w = (w_1, w_2, \cdots, w_m)^T$，且 $\sum_{j=1}^{m} w_j = 1$。最后通过式（3-2）得到第 i 个评价对象的综合评价值 y_i。

"拉开档次"法从理论上讲是成立的，从技术上讲是可行的，从应用上讲是合乎情理的，"拉开档次"法具有以下特点：

（1）综合评价过程透明。

（2）评价结果与 s_i 和 x_i 的采样顺序无关。

（3）评价结果豪无主观色彩。

（4）评价结果客观、可比。

w_j 具有可继承性，即随着 $\{s_i\}$、$\{x_j\}$ 的变化而变化；w_j 已不再体现评价指标 x_j 的相对重要性了，而从整体上体现 $\{x_{ij}\}$ 的最大离散程度的投影因子，因此，可以有某个 $w_j < 0$。

2. "拉开档次"法的改进

应用"拉开档次"法进行综合评价时，是在各项指标相对于评价目标的重要性都相同的前提下进行的。而事实上，各项评价指标相对于评价目标的重要程度一般来说是不相等的，而且该方法是基于"差异驱动"原理，主要利用观测数据所提供的信息来确定权系数，虽然避免了主观随意性，但有时得出的评价结果或排序结果可能与决策者的主观愿望相差很大甚至相反；该方法主要是从整体上尽量体现被评价对象之间的差异，在对评价对象进行综合评价时，一方面评价对象作为一个系统可能涉及许多方面的因素，这些因素往往需要多级指标来综合反映，另一方面有时决策者不仅需要掌握评价对象的总体状况，还要掌握影响评价对象的各个层次的运行状态及其对评价对象的影响大小，以利于决策者对评价对象有一个整体、全面、系统的了解。基于上述两方面的问题，需要对"拉开档次"评价方法进行改进。

对于第一个问题，可以根据各项评价指标相对于评价目标的重要性程度，由"功能驱动"原理的数学方法计算各项指标 x_j 的权重系数

r_j（$j=1$，2，$\cdots$，m），在此基础上，对各项评价指标进行"权化处理"：

$$x_{ij}^* = r_j x_{ij} \quad j = 1,2,\cdots,m; i = 1,2,\cdots,n \qquad (3-7)$$

令 x_{ij}^* 的（样本）平均值和（样本）均方差分别为 0 和 r_j^2，再针对权化数据 $\{x_{ij}^*\}$ 应用"拉开档次"法确定出各项评价指标 x_j 的权重系数 w_j。这样，从本质上讲计算过程中是对观测数据都分别进行了两次加权的"综合"。前一次加权是针对各评价指标相对于评价目标的重要程度而进行的；后一次加权，是在尽量"拉开"各评价对象之间的（整体）差异而进行的。这两次加权的背景是截然不同的，前者的权重系数是由"功能驱动"原理生成的，具有主观色彩；后者是由"差异驱动"原理生成的，反映的是客观信息。

对于后一个问题，可采用逐层递进的方法来解决。将评价对象看作是一个系统，假设某种规则将评价因素划分为 p 个不同层次，且每个层次都有若干个子系统。为不失一般性，现假设系统（s_i）有 $p = 2$ 个层次，且在各个层次中分别有 n_p（$p = 1,2$）个子系统，对第 2 层（最低层次）的子系统 $s_q^{(2,t)}$（$q = 1,2,\cdots,m_t; t = 1,2,\cdots,n_1; m_1 + m_2 + \cdots, m_{n_1} = n_2$）均取定 m_{t_q} 项评价指标，并假设系统的观测数据（指标值）为 $\{x_{ij}^{(2,t,q)}\}$，$x_{ij}^{(2,t,q)}$ 表示第 i 个系统来自第二层次的子系统中第 j 项评价指标的观测值（假设为极大型、无量纲化标准值）。则子系统 $s_q^{(2,t)}$ 的综合评价函数如下：

$$y_i^{(2,t,q)} = \sum_{j=1}^{m_{t_q}} b_j^{(2,t,q)} x_j^{(2,t,q)} \quad i = 1,2,\cdots,n; j = 1,2,\cdots,m_{t_q};$$
$$q = 1,2,\cdots,m_t; t = 1,2,\cdots n_1 \qquad (3-8)$$

式中，$b_j^{(2,t,q)}$ 为待定权向量；$y_i^{(2,t,q)}$ 为综合评价值。

同理依次可求出 $s_q^{(2,t)}$ 的母系统 $s_t^{(1)}$（第一层子系统）的综合评价值 $y_i^{(1,t)}$ 和待定向量 $b^{(1,t)}$（$x_q^{(1,t)} \equiv y_i^{(2,t,q)}$），最后仿效式（3-2）得到系统 s_i 的综合评价值 y_i。

3.2.2　评价指标体系确定

构建河流生态影响状况评价指标体系，首先应明确河流生态健康的概念。

关于河流健康的概念，目前国内外专家学者对其还没有统一的论述。但是，大多数人认为河流健康是指河流生态系统不仅能保持物理、化学及生物上的完整性，而且能维持其对人类社会提供的各种服务功能。根据河流系统结构和功能的关系，河流健康的标准应该是既能保持河流结构（或河床演变状态）的健康状态，也能保持河流各项功能的健康状态。因此，河流健康的组成内容应该包括三部分，即河流结构的健康、生态环境功能的健康和社会服务功能的健康。以河流系统为研究对象，本书给定的河流健康定义为：河流系统所具有的结构和各项功能都处于良好状态，即河流系统可保持合理的结构状态，可正常发挥其在自然生态环境演替中的各项功能和社会服务功能，包括为水生生物提供良好的生存环境，满足在现有社会发展水平之下社会经济发展对河流资源的合理需求，由此能保证河流资源可持续开发利用目标的实现。河流保持合理的结构状态，即河流内部的良性循环是河流作为地球生命的支持系统各项功能正常发挥的基础条件，河流良好的生态状态是河流健康的外在表现，河流的社会服务功能是人类研究河流健康问题的目标所在。健康的河流是在河流生命存在的前提下，相应时期或河段的人类利益和其他生物利益能够取得平衡的河流，或河流的社会功能与自然功能能够取得平衡的河流。健康的河流应是生态环境保护和服务功能的发挥两方面达到辩证统一，它应该既是生态良好的河流，又是造福人类的河流。

目前北运河是一条行洪排涝河道，由于大量污水排放以及闸坝工程建设，导致河流系统自然功能大大降低。对于行洪排涝河流北运河来说，河流生态是否健康，主要体现为：①具有安全排泄一定级别洪水的能力；②具有容纳一定程度污染的能力；③受到污染物质和泥沙输入以及外界干扰破坏，河流生态系统能够自行恢复并维持良好的生态环境；④水体的各种功能发挥正常，能够可持续地满足人类需求，不致对人类健康和经济社会发展的安全构成威胁或损害。

对于我国北方行洪排涝河道，防洪安全是最重要的。由于北运河流域内洪灾发生的年际变化很大，年内季节性强，暴雨出现的季节十分集中，为了防止洪涝灾害发生，必须要求干支流、上下游、左右岸、蓄滞洪区分担洪水风险，堤防上确保重点，兼顾一般。因此，"重要堤防不决口"是其主要标志。

根据规划，北运河中下游近期水环境质量应达到Ⅳ类水域功能标准，远期水环境质量应达到Ⅲ类水域功能标准，在此基础上，还应该包含相关的生物学指标。因此，"水质污染不超标"是其主要标志。

良好生态的维系，涉及河流非生物环境、洪枯水过程等多种因素，维持河流的近自然水流情势，主要表现为流量幅度、频率、历时、出现时间和变化率5个方面，这些变化过程影响着河流生物物种的分布和构成，决定了河流生物多样性和生态系统完整性。因此，"维持近自然水流情势"是其主要标志。

北运河修建了大量拦河闸，在防洪同时兼顾了两岸灌区的灌溉需要，因此，"灌溉供水有保障"也是其主要标志。

通过探讨河流生态健康的基本内涵和北运河河流生态健康主要标志，在借鉴国内外生态影响评价研究的基础上，明确河流生态影响评价指标体系应能够反映河流水文条件、水质条件、栖息地质量和生物状况，反映系统总体的生态影响现状以及变化趋势。因此，结合北运河研究区域的实际情况，本着全面性和概括性相结合、系统性和层次性相结合、可行性与可操作性相结合、可比性与灵活性相结合、连续性和动态性相结合的原则，采用频度统计法、理论分析法和专家咨询法建立北运河河流生态影响评价技术体系（表3-1）。指标体系设计为3个层次，分别为系统、子系统和评价指标。系统为单一目标，即生态健康指数，子系统包括5个子目标，评价指标共15个，可全面反映北运河生态影响状态。此外，根据北运河干流功能划分区段，评价过程中将北运河分为上、中、下游3个区段进行评价，其中，沙河闸—北关闸为上游段，北关闸—土门楼段为中游段，土门楼-屈家店为下游段。

表 3-1 北运河生态影响评价指标体系及其现状

系统	子系统	评价指标			
			上游	中游	下游
北运河河流生态健康指数（s）	河流水文状况（$s^{(1)}$）	年均水量变化率	55%	65%	70%
		相对断流天数	35%	46%	60%
		河流生态需水保证率	65%	55%	45%
	河流水环境状况（$s^{(2)}$）	水功能区水质达标率	25%	20%	15%
		水土流失比例	40%	35%	25%
		水体自净率	35%	30%	20%
	河流形态结构状况（$s^{(3)}$）	河床、河岸稳定性	良 60	中 40	中 40
		纵向连续性	7 个	5 个	6 个
		横向连通性	20	30	35
	河岸带状况（$s^{(4)}$）	垂向透水性	25	30	35
		河岸带植被覆盖度	55%	60%	65%
		景观多样性指数	1.0	1.0	1.5
	河流水生物状况（$s^{(5)}$）	水域湿地状况	三级	四级	四级
		水生生物存活状况	很差	差	中
		生物多样性指数	0.5	1	2

3.2.3 评价标准及权重系数的确定

20 世纪 50 年代以前，北运河流域尚未开发，流域基本处于自然状态；进入 60 年代以后，对北运河流域进行综合开发，兴建了一系列蓄水、引水、提水工程，这些工程发挥了巨大的经济、社会和环境效益，但同时也对河流系统功能产生了巨大影响。因此，北运河生态健康评价标准的确定，以 20 世纪 60 年代以前北运河自然特征为依据来确定 2000—2011 年生态健康状况，并以分值阈 "0~0.2、0.2~0.4、0.4~0.6、0.6~0.8、0.8~1.0" 分别代表濒于崩溃、病态、亚健康、基本健康、健康 5 个级别的标准。对应生态影响级别分别为Ⅴ级（影响非常严重）、Ⅳ级（生态影响严重）、Ⅲ级（生态影响较严重）、Ⅱ级（生态影响一般）、Ⅰ级（生态影响小），表 3-2 为河流生态影响评价分级体系。各子系统评分标准及具体指标标准值则是借鉴北运河有关历史资料、相关研究成果与国家适用标准，通过多区域对比分析以及在公众参与基础上由专家评判完成。采用基于"功能驱动"原理的层次分析法确定各子系统的权重系数（表 3-3）。

表 3-2　生态影响评价分级体系

级别	生态学意义
Ⅰ级小	表示河流系统没有受到人为干扰，基本处于原始状态。河流生态健康情况处于健康状态
Ⅱ级一般	表示河流系统受到一定的人为干扰，基本不影响河流中水生生物的正常生存，河流生态健康情况处于基本健康状态
Ⅲ级较严重	表示河流系统受到的干扰，对水生生物的生存和繁衍有很大的影响，河流生态健康情况处于亚健康状态
Ⅳ级严重	表示河流系统因为人类的干扰已被严重破坏，生态系统平衡处于崩溃的边缘，河流生态健康情况处于病态
Ⅴ级非常严重	表示河流系统的结构和功能彻底被破坏，污染物对水生生物产生的污染效应具长期性和蓄积性，河流生态健康情况处于崩溃状态

表 3-3　北运河生态系统评价指标的标准特征值

子系统（权重）	评价指标	权重	标准特征值				
			Ⅰ级	Ⅱ级	Ⅲ级	Ⅳ级	Ⅴ级
$s^{(1)}$（0.212）	年均水量变化率/%	0.437	≤5	15	30	40	≥40
	相对断流天数/%	0.281	0	20	40	60	≥60
	河流生态需水保证率/%	0.282	≥90	80	65	50	≤50
$s^{(2)}$（0.324）	水功能区水质达标率/%	0.613	≥80	60	40	20	≤20
	水土流失比例/%	0.151	≤5	10	20	40	≥40
	水体自净率/%	0.246	≥80	60	40	20	≤20
$s^{(3)}$（0.151）	河床、河岸稳定性	0.289	优	良	中	差	很差
	纵向连续性	0.324	≤2	4	6	8	≥8
	横向连通性	0.193	≥80	60	40	20	≤20
	垂向透水性	0.194	≤10	20	35	50	≥50

子系统（权重）	评价指标	权重	标准特征值				
			Ⅰ级	Ⅱ级	Ⅲ级	Ⅳ级	Ⅴ级
$s^{(4)}$ (0.152)	河岸带植被覆盖度	0.401	≥80	60	40	20	≤20
	景观多样性指数	0.394	≥3	2	1.5	0.5	≤0.5
	水域湿地状况	0.205	一级	二级	三级	四级	五级
$s^{(5)}$ (0.201)	水生生物存活状况	0.577	优	良	中	差	很差
	生物多样性指数	0.423	≥4	3	2	1	≤1

3.2.4　北运河生态影响评价结果及分析

在对指标观测值进行标准化、一致化处理后，按照改进的"拉开档次"法，借助 MATLAB 软件对北运河河流生态系统进行评价。

（1）上游河流生态河流生态系统 s_1 状况评价。对上游子系统河流水文状况 $s_1^{(1)}$ 的评价指标进行权化处理后得到年均水量变化率、相对断流天数、河流生态需水保证率新的评价数据 { 0.07，0.195，0.18 }。应用 MATLAB 软件可得到对应的实对称矩阵 $H_1^{(1)} = A^T A$。

$$H_1^{(1)} = \begin{bmatrix} 0.7183 & 0.6472 & 0.2555 \\ -0.5935 & 0.3783 & 0.7104 \\ 0.3631 & -0.6619 & 0.6558 \end{bmatrix}$$

$H_1^{(1)}$ 的最大特征值：$\lambda_1^{(1)} = 0.075$，其所对应的标准特征向量并标准化：$\omega_1^{(1)} = (0.158, 0.438, 0.404)^T$，因此北运河上游子系统河流水文状况 $s_1^{(1)}$ 的评价函数为：

$$s_1^{(1)}: y_1^{(1)} = 0.158 x_{11}^{(1)} + 0.438 x_{12}^{(1)} + 0.404 x_{13}^{(1)} \tag{3-9}$$

将相应的标准指标值代入式（3-9），可得北运河上游河流水文状况 $s_1^{(1)}$ 的评价值 $y_1^{(1)} = 0.555$。同理北运河上游其他各子系统的综合评价函数如下：

$$y_1^{(2)} = 0.473: y_1^{(2)} = 0.473 \tag{3-10}$$

$$y_1^{(2)} = 0.473: y_1^{(2)} = 0.473 \tag{3-11}$$

$$y_1^{(2)} = 0.473 ; y_1^{(2)} = 0.473 \tag{3-12}$$

$$y_1^{(2)} = 0.473 ; y_1^{(2)} = 0.473 \tag{3-13}$$

将相应的标准指标值分别代入式（3-10）~式（3-13），可得北运河上游其他各子系统评价值，分别为：河流水环境状况 $y_1^{(?)} = 0.473$，河流形态结构状况 $y_1^{(3)} = 0.632$，河岸带状况 $y_1^{(4)} = 0.64$，河流水生物状况 $y_1^{(5)} = 0.4$。上述子系统同样是以同等"地位"参与评价过程这个条件为前提，因此也需要先对上述子系统评价值进行加权，得到数组 $\{0.111, 0.1419, 0.0948, 0.096, 0.08\}$，进而建立北运河上游河流生态系统总的评价模型：

$$s_1 : y_1 = 0.212y_1^{(1)} + 0.271y_1^{(2)} + 0.181y_1^{(3)} + 0.183y_1^{(4)} + 0.153y_1^{(5)} \tag{3-14}$$

将北运河上游生态子系统各评价值代入式（3-14），可得北运河上游河流生态健康综合评价值为 $y_1 = 0.539$。

按上述方法同理可得到北运河中游（s_2）、下游（s_3）各子系统综合评价函数和河流生态综合评价模型。

（2）中游（s_2）各子系统综合评价函数：

$$s_2^{(1)} : y_2^{(1)} = 0.03x_{21}^{(1)} + 0.491x_{22}^{(1)} + 0.478x_{23}^{(1)} \tag{3-15}$$

$$s_2^{(2)} : y_2^{(2)} = 0.555x_{21}^{(2)} + 0.156x_{22}^{(2)} + 0.289x_{23}^{(2)} \tag{3-16}$$

$$s_2^{(3)} : y_2^{(3)} = 0.295x_{21}^{(3)} + 0.343x_{22}^{(3)} + 0.163x_{23}^{(3)} + 0.198x_{23}^{(4)} \tag{3-17}$$

$$s_2^{(4)} : y_2^{(4)} = 0.533x_{21}^{(4)} + 0.333x_{22}^{(4)} + 0.133x_{23}^{(4)} \tag{3-18}$$

$$s_2^{(5)} : y_2^{(5)} = 0.6x_{21}^{(5)} + 0.4x_{22}^{(5)} \tag{3-19}$$

中游（s_2）河流生态综合评价模型：

$$s_2 : y_2 = 0.205y_2^{(1)} + 0.26y_2^{(2)} + 0.184y_2^{(3)} + 0.192y_2^{(4)} + 0.159y_2^{(5)} \tag{3-20}$$

（3）下游（s_3）各子系统综合评价函数：

$$s_3^{(1)} : y_3^{(1)} = 0.001x_{31}^{(1)} + 0.47x_{32}^{(1)} + 0.528x_{33}^{(1)} \tag{3-21}$$

$$s_3^{(2)}:y_3^{(2)} = 0.535x_{31}^{(2)} + 0.21x_{32}^{(2)} + 0.255x_{33}^{(2)} \qquad (3-22)$$

$$s_3^{(3)}:y_3^{(3)} = 0.305x_{31}^{(3)} + 0.305x_{32}^{(3)} + 0.186x_{33}^{(3)} + 0.203x_{34}^{(3)} \quad (3-23)$$

$$s_3^{(4)}:y_3^{(4)} = 0.515x_{31}^{(4)} + 0.364x_{32}^{(4)} + 0.1121x_{33}^{(4)} \qquad (3-24)$$

$$s_3^{(5)}:y_3^{(5)} = 0.6x_{31}^{(5)} + 0.4x_{32}^{(5)} \qquad (3-25)$$

下游（s_3）河流生态综合评价模型：

$$s_3:y_3 = 0.164y_3^{(1)} + 0.233y_3^{(2)} + 0.17y_3^{(3)} + 0.203y_3^{(4)} + 0.23y_3^{(5)}$$
$$(3-26)$$

将相应的评价标准指标值代入上述式子，可得北运河中游、下游各子系统的评价值及河流生态状况综合评价值，结果详见表3-4。

表3-4　北运河生态系统影响综合评价

系统	上游 （沙河闸—北关闸）	中游 （北关闸—土门楼）	下游 （土门楼—屈家店）
河流水文状况	0.555	0.517	0.426
河流水环境状况	0.473	0.437	0.405
河流形态结构状况	0.632	0.619	0.591
河岸带状况	0.64	0.647	0.705
河流水生物状况	0.40	0.40	0.60
综合评价值	0.539	0.521	0.546
评价级别	亚健康	亚健康	亚健康
生态影响级别	Ⅲ级（较严重）	Ⅲ级（较严重）	Ⅲ级（较严重）

同时分别运用基于"功能驱动"原理的层次分析法和基于"差异驱动"的未改进"拉开档次"法对北运河河流生态状况进行评价，其评价结果见表3-5。

从评价数值结果上看，使用改进的"拉开档次"法计算的评价值介于层次分析法和未改进的"拉开档次"法计算数值之间。改进的"拉开档次"法兼顾了评价者的主观经验判断，又基于数据本身所包含信息的客观存在，从而克服了一般评价方法的主观臆断性和只强调数据客观性的缺陷。同时通过采用逐层递进的评价方法，不仅能反映评价对象的总体特征，同时又能反映各个层次子系统的运行状况及对（总）评价结果的"贡献"大小。

表 3-5　不同评价方法对北运河生态系统影响综合评价的比较

河段	层次分析法	"拉开档次"法	改进的"拉开档次"法
上游（沙河闸—北关闸）	0.491	0.564	0.539
中游（北关闸—土门楼）	0.457	0.547	0.521
下游（土门楼—屈家店）	0.476	0.579	0.546

运用改进的"拉开档次"法对北运河进行生态状况评价，得到北运河上、中、下游河流综合评价值分别为 0.539、0.521、0.546，对照评价标准得知北运河各河段的生态状况处于亚健康状态，河流生态受影响程度处于Ⅲ级较严重的状态，表示河流系统受到的干扰对水生生物的生存和繁衍影响很大。比较其上、中、下游的状况，下游的生态状况较好、中游最差。下游的河流水文状况最差，主要原因是下游河道年均径水量变化较大，河道经常处于水量不足和断流状态。根据对流域下游河道的调查统计，常年有水河段仅占 10% 左右。永定河卢沟桥—屈家店河段，1980 年至 2008 年期间，只有 3 年汛期有少量径流，过流时间不足半月[26]。在 5 个评价子系统中，河流水环境状况对河流生态系统影响的权重最大，且整个北运河流域水环境状况均不理想，基本在中度污染水平，部分区域河段已达严重污染的状态。据 2005 年现场监测，约 $60 \times 10^4 \mathrm{m}^3/\mathrm{d}$ 污水未经处理直接排入温榆河。在北运河天津段的土门楼，2005 年入境水量中高锰酸盐指数年均浓度为 5.8 mg/L，入境污染负荷量为 937.9 t，氨氮年均浓度为 13.2 mg/L，入境污染负荷量为 2134 t。其中，氨氮按地表水Ⅲ类标准超标为 12.2 倍[27]。近年来实测资料表明，除汛期水质略好外，北运河水质一直处于劣Ⅴ类。在河流形态结构、河岸带状况方面，北运河基本处于较好状态，但也不容乐观。在河流生物指数方面，下游状况好于上游和中游。据调查，鲫鱼是北运河流域水生动物中的顶级群落生物和关键物种，而只在北运河流域下游土门楼以下区域发现有少量该类鱼种活动。

3.3　本章小结

　　本章详细阐述闸坝建设和运行对河流水文、水力学特性，河流物理、化学特性，生态系统结构、区域生态响应所产生的影响；并通过对原始生态评价方法的比较，考虑到影响河流生态的因素具有多层次、不确定性和属性复杂等特点，利用改进的"拉开档次"法对北运河河流生态影响进行评价。改进后的"拉开档次"评价方法，克服了一般评价方法的主观臆断性和只强调数据的客观性的缺陷。同时采用逐层递进的方法，不仅能反映评价对象的总体特征，又能反映各个层次子系统的运行状况及对（总）评价结果的"贡献"大小。评价结果表明，北运河受闸坝影响较严重，生态状况处于亚健康状态，需要通过工程及非工程措施对其进行修复。

第4章　闸坝生态调度理论方法研究

 第 4 章　闸坝生态调度理论方法研究

4.1　闸坝生态调度的内涵

伴随着闸坝建设对河流生态造成的不利影响，如何正确处理闸坝与生态的关系，改变人类对强加于河流的影响，对筑坝建闸河流进行生态补偿，成为人们关注的重点，在这样的背景下生态调度的概念出现在人们的视野里。

生态调度的理念最早源于国外，主要是美国、澳大利亚等发达国家。但是在相关文献中很少出现生态调度，而是多被称为"水库再调度""改进大坝运行方式""河流环境恢复"等。我国水利科学领域于近年来明确出现了"生态调度"的提法。但是由于生态调度包括的范围很广泛，因此学术界对其内涵的理解和定义也有不同的看法。2005年禹雪中[75]等提出了水利工程生态与环境调度的概念，强调对现有工程调度运用方式进行调整，对工程的生态负效应进行有效补偿。董哲仁[79]针对生态调度提出了水库多目标生态调度方法的定义。他认为，水库多目标生态调度就是在实现防洪、发电、供水、灌溉、航运等社会经济多种目标的前提下，兼顾河流生态系统需求的水库调度方法。贾金生[122]等定义生态调度是以补偿河流生态系统对水量、水质、水温等需求为目标，减缓下游流量人工化、下泄低温水、气体过饱和等不利环境影响的调度方式。李景波[123]等又给出水库健康调度的概念，他认为水库健康调度包括生态调度和环境调度，其主要目标是"一库多用、一水多用、涵养生态与环境"，满足河流健康生命需水量，改善和维持河流健康。其中生态调度是利用适时适量地调节流量，使天然径流在时间上分布具备不均匀性，以满足流域生物种群生存发展动态平衡的需求，最大限度地降低或消除水库对流域生态的负面影响。

汪恕诚[124]认为生态调度是水库在发挥各种经济效益、社会效益的同时发挥最优的生态效益，它是针对宏观的水资源配置和调度中的生态问题而言的。胡和平[82]认为，水库生态调度是解决水库及下游的生态环境问题，实现人类所需要的生态环境目标而进行的水库调度。此外，蔡其华[9]、程根伟[125]、梅亚东[126]、汪恕诚[127]也都从不同角度，对生态调度给出了定义。

从上述生态调度的提法，我们不难发现，生态调度的核心内容是在现行的水利工程调度中，除考虑防洪、发电、供水、灌溉等传统因素外，将河流的生态因素纳入进去，并将其提到相应的高度。闸坝生态调度是对传统闸坝调度方式的发展与完善，是对水库生态调度的扩延。它是在水库生态调度的基础上，将河流上的一般闸（各种水闸）、坝（水库大坝、橡胶坝等）纳入到河流生态调度范围，针对闸和坝的建设、运行对河流生态产生的负面影响，通过调整、优化闸坝运行方式，在保证人类生命安全，满足人类基本需求的前提下，尽可能地协调河流生态与河流其他功能目标的关系，最大程度地减缓和补偿闸坝建设和运行的生态负面影响。

4.2　闸坝生态调度的内容

降低闸坝的建设和运行对河流生态系统负面影响的措施可分为两类：工程措施和闸坝生态调度措施。工程措施主要解决闸坝所造成的鱼类洄游阻隔、下泄水流水温变化、溶解氧过饱和或过低等问题，包括：建设过鱼设施、水库分层取水装置、鱼类友好的水轮机等水利枢纽设施设备。闸坝生态调度主要致力于改进闸坝调度方式，通过合理运行闸坝措施，恢复下游河流的自然水文情势，改善河流生态功能现状。与工程措施相比，闸坝生态调度措施具有实施费用较低、便于开展原型试验、对下游河流生态修复的影响范围较大、生态修复效果较明显等特点。

闸坝生态调度是一项复杂的系统工程，主要包括以下几个方面的内容。

（1）生态需水调度。保证下游河流的生态需水量，是闸坝生态调度的重要内容。河流生态需水量是指为改善河流生态环境质量或维护河流生态环境质量不至于进一步下降时，河流生态系统所需要的水量。河流生态流量可分为最小生态流量、适中生态流量、最佳生态流量[128]。河流生态需水量调度，就是通过闸坝调度使河流径流过程不低于最小生态流量，尽可能达到适中或最佳生态流量。

（2）生态水文情势调度。闸坝的建设改变了河流的自然水文情势，使得水文过程均一化，给鱼类等水生生物生存带来很大影响。生态水文情势调度就是要改变现行闸坝调度中水文过程均一化的倾向，根据鱼类等繁殖生物习性，结合坝下游水文情势的变化，调整闸坝泄流方式，模拟自然水文情势，合理控制水库下泄流量和时间，为河流重要生物繁殖、产卵和生长创造适宜的水文学和水力学条件。

（3）防治水污染调度。防治水污染调度是为应对突发河流污染事故、防止水库水体富营养化与水华的发生、控制河口咸潮入侵而进行的水库调度。为防止水体的富营养化，可基于水动力学原理，通过改变闸坝运行方式，在一定时段内加大闸坝下泄流量，降低闸坝前蓄水位，使缓流区的水体流速加大，改变污染物在闸坝静水区的输移和扩散规律以及营养物浓度场的分布，破坏水体富营养化的条件，控制闸坝静水区蓝藻和"水华"暴发。对闸坝下游河段出现的水体富营养化，也可通过在一定的时段内加大闸坝下泄量，或采取引水方式增加河流的流量，消除河流水体的富营养化。由于闸坝静水区水质分布具有时间分布特征和竖向分层特征，因此，根据污染物进入时间分布规律制订相应的泄水方案，通过水坝竖向分层泄水，能将底层氮、磷浓度较高的水进行排泄，利用坝下流量进行稀释，进而有效防治库区水污染，避免污染水量的聚集，减轻汛期泄洪造成的水污染。此外，针对突发性的水污染事件，应该事先做好应对预案，事发时根据具体的情况果断采取综合措施，尽量减轻对生态环境的影响。

（4）输沙调度。输沙调度包括闸坝静水区的泥沙调度和和下游河道输沙调度。闸坝建设以后，由于水位升高、过水面积加大、流速减缓从而使挟沙能力降低，闸坝净水区内即发生泥沙淤积的现象。泥沙淤积关系到闸坝工程寿命和工程效益的发挥，同时还引起闸坝区生态与环境的复杂问题。可按"蓄清排浑"、调整泄流以及控制下泄流量等方式，通过调整出水流的含沙量和流量过程，尽量降低下游河道冲刷强度，减少常规调度情况出库水流对下游河道冲刷，减小不利影响。河道输沙调度主要考虑河道对泥沙的淤积要求，保证一定的河道输沙流量，使河道不断流、不萎缩。

（5）生态因子调度。生态因子调度即把单项的水温、水质、流速、流量、营养盐、溶解氧、pH 值、透明度等生态因子作为生态调度的保护目标。就水温而言，水库水体存在水温分层现象，水库低温水的下泄严重影响坝下游水生动物的产卵、繁殖和生长。可根据水库水温垂直分布结构，结合取水用途和下游河段水生生物生物学特性。通过下泄方式的调整，提高下泄水的水温，满足闸坝下游水生动物产卵、繁殖的需求。对于水质、流量、流速的调度主要是针对河流管理过程中某一特定目标或阶段而制定的临时性或者阶段性的调节措施，如国外许多河流针对某一物种而展开的生态保育计划等。此外，对于高坝水库在泄水导致气体过饱和对鱼类生长、繁殖的影响，需要在保证防洪安全的前提下，延长泄洪时间，降低最大下泄流量，并采用的合理的泄洪设备组合，减缓气体过饱和现象的发生[129]。

（6）水系连通性调度。河流具有物质输运、生物栖息及提供迁徙通道的生态功能，闸坝的建设改变了河流水系原有的连通性的特点，致使鱼类及其他生物的迁徙及繁衍受阻。要解决这类生态问题，除工程措施外，只能通过调整闸坝的调度运行方式，恢复、增强河流水系的连通性，包括干支流的连通性、河流湖泊的连通性等，缓解闸坝工程对于干支流的分割以及对于河流湖泊的阻隔作用，为河流物质能量输运和生物迁徙提供有效通道。

（7）综合调度。综合调度是根据具体闸坝工程运行与管理中的特点和实际，实施包含以上内容的各项或几项的综合优化调度。目前，学术界对生态因子调度的研究正处于从理论向实践阶段过渡，而对于生态过程调度，由于涉及调度的全过程，与其他功能目标耦合相当困难，但已有学者作一些尝试性的研究，也取得了一些阶段性成果，对于功能相对完善的综合调度，尚处于萌芽阶段，需要进一步的研究和探讨。

4.3　闸坝生态调度原则

闸坝生态调度是通过调整闸坝运行方式，在满足人类对河流基本需求的前提下，最大程度地减小闸坝的建设和运行对闸坝区及河流下游生态系统产生的影响。其核心的理念就是要将生态环境保护目标引入到闸坝调度中来。闸坝生态调度是一个多目标、多约束、多时间尺度、多利益交叉的系统工程问题，涉及防洪、发电、供水、航运、水产等多方面需求。在建设和谐社会，实现人与自然可持续发展的今天，闸坝生态调度赋予闸坝新的内涵。制定闸坝调度的生态准则就是让闸坝为人类服务、满足人类需求的前提下，考虑河流健康生命的需要，做到开发有度，不损害河流生命，促进人与自然的和谐发展。闸坝生态调度应遵循以下基本原则：

（1）满足人类基本需求原则。凡事以民生为重，人类修建闸坝的初衷就是开发、利用和改造河流，维护人类基本生计，保护人类生命财产安全，因此闸坝生态调度的第一原则应首先考虑人类的基本需求。

（2）满足河流生态需水原则。河流生态需水过程是闸坝进行生态调度的重要依据，其下泄水量，包括泄流时间、泄流大小、泄流历时等应根据下游河道生态需水要求进行泄放。河情不同，生态目标也就不同。在开发利用河流与保护河流健康的过程中不可能满足河流生态的所有需要，要适时适量进行。如在闸坝生态调度中，应将最小生态流量放在优先保证的行列（即仅次于防洪和生活供水），并在满足人类基本功能需求的情况下，尽量满足适中或最佳流量，为河流生物创造更好的生存空间。汛期遇到大洪水时，应根据实际情况保存一定的洪峰大小和历时，以保证下游平滩流量和湿地地区营养物质的供给。

（3）遵循"三生"用水共享原则。"三生"是指生活、生态和生产。生态需水只有与社会经济发展需水相协调，才能得到有效保障。由于生态系统对水的需求有一定的弹性，且部分生态需水只限于水流条件，并不耗水。因此可在生态系统需水阈值区间内，结合区域社会经济发展的实际情况，合理地确定生态用水比例，实现"三生"水的互相补充和转化。

（4）满足河流生态因子要求的原则。闸坝生态调度要考虑水温、水质、泥沙、洪水等与生态系统相关的生态环境因素，同时还要对下游河流的珍贵稀有生物资源进行保护。根据其相关特性，采用闸坝的干扰措施，对泄流在水流形态、含沙量、水质、营养物质浓度、水温等各个方面进行控制，以达到有利的效果。对于河流水质、水温、含沙量，一般应控制在生物接受的临界范围之内，而洪水除了要考虑洪水过程外，还要保留与生物生命过程息息相关的洪水脉动过程等。

（5）实现河流生态健康为最终目标原则。闸坝生态调度的宗旨就是在一定程度满足人类社会经济发展的基本需求的基础上，逐步修复或改善河流生态系统的健康状态，使河流生命得以维持和延续。其最终的目标是维护河流健康生命，实现人与河流和谐发展。

（6）满足重要区域或应对突发事件（污染、水华）的特别需水要求，如防污调度和河口的冲咸压淡水等。

4.4　闸坝生态调度目标确定及表征

闸坝生态调度的根本目的是恢复河流健康，然而恢复到什么程度，则完全取决于人们根据河流的实际情况设定的生态标准。因此，河流生态健康是闸坝生态调度实施的根本，也是其追求的最终目标。

影响河流生态目标的因素包括人类的用水需求、天然来水过程、生态系统的各种需求等。人类活动的无序性、天然来水的随机性、生态系统的多样性，使得河流生态调度目标确定变得十分复杂，需要权衡人类需求与生态破坏间的利弊，衡量生物所依赖的自然环境、物种、密度等的损失是否可以接受。因此，仅通过某单一因子来确定生态目标都是不科学的，而必须通过缜密的论证和详尽的调查来获得。然而河流管理的现况与想象相差甚远，主要是详细的数据获取困难等。于是，人们开始尝试从某一角度来反映河流生态目标需求。

目前，国内外有关河流生态目标的表现形式很多，如生态基流、生态环境需水量、生态关键物种保护、生物栖息地维护、河流生态系统健康指标等，其中最被广泛接受的是河流生态需水量的提法。

河流生态需水量是针对水资源开发利用中的生态环境保护以及科学地进行生态环境重建、改善等问题提出来的概念。到目前为止对生态需水量还没有一个明确公认的定义和统一的计算方法。河流系统具有输水、输沙、泄洪、防污、景观、灌溉、航运、生态等多种功能。不同的区域和不同时段，河流系统水资源开发利用的目的和要求不同，必然会提出水资源利用的具体模式，进而对河流生态健康标准产生差别，因此河流生态需水量应是在特定时空单元内为满足特定管理服务目标的变量[130]。基于这种理解，河流生态需水量的计算，要考虑河流生态需水量的时间和空间特征，同时，还要考虑河流生态需水量应在特定时空单元内最大限度地满足河流主要功能和保护目标的优先选择性。

而通常情况下，河流生态目标都是针对河流的某一种或多种管理要求而确定的，如关键物种保护、栖息地维护，最低流量保证、汛期冲沙等。河流生态需水研究也是针对这些目标而进行的。然而，河流生态系统的结构和功能由水文、水质、生物、地形等几部分共同组成的，单独对每一部分的管理，通常不是有效的，因为其每一组成部分是连续的且相互作用于其他组成部分。因此，对于河流生态需水而言，则尽可能要求一个完善的生态径流过程，使得其能够涵盖绝大多数生态目标，进而对河流生态系统的健康有较强的表征能力。当然，对于不同河段的不同时期，涉及不同功能的生态需水，因此，要依据河流不同生态目标的优先顺序，对生态需水进行整合，充分发挥水资源利用效率，最终形成一个科学、客观、合理的生态径流过程。由此，我们可以看到，河流生态的需要与其流量变化特征高度相关，维持河道不同流量（枯水流量、大小洪水、脉动流量）成了对河流生态系统需求最好的表征。因此，在大多数研究过程中河流生态目标多采用流量来表征。如国外最早的单一生态安全流量，生态基流，季节生态需水量，最小生态需水量、适中生态需水量、最佳生态需水量等，实质上都是河流生态目标的表征形式，也是闸坝生态调度的关键依据。

4.5　本章小结

本章构建了闸坝生态调度基本理论体系，包括闸坝生态调度的内涵理解、调度内容、调度原则、调度目标及表征形式。闸坝生态调度是对水库生态调度的扩延，是在水库生态调度的基础上，将河流上的一般闸坝纳入到河流生态调度范围，通过调整闸坝运行方式，最大程度地减小闸坝的建设和运行对闸坝区及下游生态系统的影响。其主要内容包括：生态需水调度、生态水文情势调度、防治水污染调度、输沙调度、生态因子调度、水系连通性调度、综合调度。其调度主要原则是：满足人类基本需求原则、满足河流生态需水原则、遵循"三生"用水共享原则、满足河流生态因子要求的原则、实现河流生态健康为最终目标原则、满足重要区域或应对突发事件特别需水要求的原则。其主要调度目标的表征形式是河流生态需水量。

第 5 章　北运河闸坝生态调度方式研究

第5章 北运河闸坝生态调度方式研究

5.1 北运河闸坝现行调度方案

北运河从昌平区沙河闸到通州区市界主河槽全长 89.4km。作为行洪排涝河道，目前北运河闸坝调度主要以防洪为主，由于河道淤积，行洪能力有所降低，河道闸坝蓄水服从防汛需要，遇超标准洪水，应千方百计确保右堤通州镇安全。除此之外，根据闸坝间各河段的实际用水需求，进行适时放水泄流，但都未将下游及闸坝区河道生态需水需求列为主要目标。主要调度方案如下。

（1）水库工程。十三陵水库总库容 8100 万 m³，防洪库容 5150 万 m³，兴利库容 3336 万 m³，死库容 764 万 m³，汛限水位 93.0m，溢洪道最大泄量 1091 m³/s，输水洞泄量 28.5 m³/s。当库水位达 93m，遇百年一遇库洪水时，在不影响大坝及水库工程安全的前提下，可据水库水情调节下泄流量，最大下泄量不超过 527 m³/s；遇千年一遇入库洪水，按泄水建筑物泄水能力下泄，最大下泄量不超过 895 m³/s。

桃峪口水库总库容 1008 万 m³，防洪库容 548 万 m³，兴利库容 744 万 m³，死库容 151 万 m³，汛限水位 67.70m，溢洪道最大泄量 682 m³/s，输水洞泄量 4.8 m³/s。当水库水位达 67.70m，遇百年一遇入库洪水时，水库最大下泄量 469 m³/s；遇千年一遇入库洪水时，水库最大下泄量 682 m³/s。

（2）温榆河各闸的控制运用。温榆河各闸坝，汛期主要任务是泄洪。由于鲁疃、辛堡、苇沟三座翻板闸闸距较近，洪水来临时容易形成洪峰叠加，所以，入汛后应适当蓄水，但水深要控制在 2.0m 以下。具体控制如下：曹碾橡胶坝 27.50m 以下，大汛期间落坝待洪。鲁疃闸控制水位 26.5m，苇沟闸控制水位 20.2m，二座翻板闸由中孔调节水位，洪水到来时先拉中孔引流，其余闸门流量增加自行翻倒，第 1 次洪水后锁定待洪。辛堡闸控制水位 24.30m，由两侧小闸调节水位，随流量增加自行翻倒。

（3）北关分洪枢纽。北关分洪枢纽工程包括北关拦河闸和北关分洪闸。防洪调度中，可视北运河下游河道行洪情况和潮白河河道洪水的下泄条件，调整北关拦河闸和分洪闸的下泄流量，以减轻下游洪灾损失。调度运用原则是：确保右堤和通州镇安全。北关拦河闸、分洪闸经过三十多年的运用，存在不同程度的安全隐患，已鉴定为三类病险闸。入汛后原则上水位控制在 18.5m 以下，并加强监测工作。闸前水位在 10 年一遇 21.23m（流量 1010 m³/s）以下时，本着安全第一、缓解水资源紧缺，多调蓄为原则，经市防汛指挥部批准，尽量向潮白河的兴各庄、于辛庄两坝多调蓄清水。当闸前水位达 21.23m，达到 10 年一遇标准，拦河闸控制下泄 510m³/s，分洪闸控制下泄 500m³/s；当闸前水位达 22.40m（流量 1450 m³/s），达到 20 年一遇标准拦河闸下泄 850m³/s，分洪闸下泄 600m³/s；当闸前水位达 23.13m，达到 50 年一遇标准，拦河闸下泄 1155m³/s，分洪闸下泄 900m³/s。

（4）其他闸坝工程的运用。榆林庄闸、杨洼闸两闸均被鉴定为四类病险闸，所以，两闸汛期敞闸度汛。入汛后，如确有灌溉等需要，且上游无洪水时，可适当控制闸上水位。军屯拦河闸入汛后，原则上全部提起泄洪，同时关闭排污闸，洪水由凤港减河排入北运河。

温榆河河道现有尚信橡胶坝、马坊橡胶坝，北运河河道有潞湾橡胶坝，以上三座橡胶坝汛期可适当蓄水，但控制水深 2m 以下，当上游遇有大雨或洪水发生，要按照北运河防汛抗旱指挥部的调度命令，迅速落坝待洪。其他北运河各支流闸坝（蔺沟河、坝河、清河、通惠河、小中河、凉水河等）进入汛期上游发生洪水时，水位上涨迅速以及开闸泄洪时，应提前通知下游各闸坝和北运河防汛办公室，做到合理控制，下泄安全。

总之，北运河现行闸坝调度主要考虑防洪和部分供水、灌溉的需要，而没有考虑河流生态系统对水资源的需求，严重影响河流的生态健康，并进一步影响制约着当地经济社会发展，给人们的生产、生活带来不便。根据海河流域生态环境恢复水资源保障规划及京津地区生态保护规划，为改善北运河流域生态状况，现阶段急需改变原有闸坝调度方式，按照河流生态及水流运动变化的规律，建立以防洪为约束、以河流生态需水量为保障的流域水资源调控模式。

5.2　北运河闸坝生态调度原则

北运河流域闸坝众多，闸坝生态调度是北运河流域恢复河流健康、提高水资源综合利用效益的重要措施。根据第 4 章闸坝生态调度的有关理论分析，结合北运河流域水文、水资源和河流生态环境特征，基于河流生态改善的需求，提出北运河流域闸坝生态调度必须符合以下原则：

（1）防洪安全。由于北运河的重要战略地位，防洪安全必须放在首位。对于较大洪水，甚至超标洪水，要充分利用流域内闸坝等水工建筑物分洪和拦洪，利用水库和蓄滞洪区拦截多余洪水，确保堤防防洪安全。其他调度都要服从于防洪调度，控制断面水位不超最高蓄水位。

（2）洪水资源化原则。在确保防洪安全的前提下，对中小洪水或者大洪水退水，控制闸坝下泄流量角度，对灾害洪水过程加以调蓄，尽量延缓流量下泄过程，使洪水资源得到合理的开发、利用和转化。

（3）保障河流生态需水。适当利用闸坝调度及调水措施，维持河流的最小生态需水量，尽可能满足适中和最佳生态需水量，有效维护河流基本的生态环境需求，逐步恢复河流生态健康。

（4）保障水功能区水质达标。根据北运河流域水功能区划要求，对各水功能区的水质指标进行控制，严格控制河道沿程的污染物排放。

5.3　北运河闸坝生态调度目标的确定

　　河流生态需水量是目前最为广泛使用的河流生态调度目标的表征形式，因此确定北运河闸坝生态调度目标，应首先要对北运河河流生态需水量进行计算。本节基对河流生态需水量的理解，依据河流生态系统结构组成、河流生态系统主要特点及生态系统的整合性，在对人类活动（拦河筑坝、河流污染和"河流季节化"等）给河流生态环境需水的影响进行了全面分析的基础上，提出基于水功能区划的河流生态需水量计算方法，计算北运河河流生态需水量。

5.3.1　北运河河流生态需水量计算方法确定

　　目前国内外河流生态需水的计算方法有很多，主要有 Tennant 法、河道湿周法、河道内流量增量法（IFIM）法、R2CROSS 法、7Q10 法等，这些方法在不同时期，针对不同的计算需求而得到较好的应用[131,132,133,134,135]。本节针对北运河功能区划目标（表 5-1）、生态系统保护目标及敏感因素，从时间性、空间性、河流生态功能需求等角度出发，提出了基于分时段、分区域、分等级的计算思想，综合采用 Tennant 法、水质模型法[136]和鱼类生境法[137]对北运河河流生态需水进行计算。所谓分时段是指根据北运河来水情况及时间变化的特点，分为春（3~5月）、夏（6~8月）、秋（9~11月）、冬（12~3月）四个季节或着一年十二个月份，计算不同时段的生态需水；分区域是指在不同的河段，由于河道生态特征及人类活动影响的差异，河段水资源、水环境特征不同，同时根据北运河干流及其支流的水功能区划的水质目标以及北运河上主要闸坝的分布情况，对北运河进行分段计算生态需水量；分等级是指依据对于北运河河道生态环境恶化的主要问题，不可能在短时间内得到恢复，而只能分阶段、分步骤地实现，进而对应不同量级的生态需水量。各区域具体计算方法选择详见表 5-2。

表 5 - 1　北运河干流水功能区划

所在省市	水功能名称	水质目标	范围		
			起始断面	终止断面	长度/km
北京市	北运河北京农业用水区	V	榆林庄	牛牧屯	38.0
河北、天津	北运河冀津缓冲区	IV	牛牧屯	土门楼	12.5
天津	北运河天津农业用水区	IV	土门楼	筐儿港节制闸	41.4
天津	北运河天津工业、农业用水区	IV	筐儿港节制闸	屈家店节制闸	32.9

资料来源:《北运河干流综合治理规划》，2006。

表 5 - 2　北运河水功能区生态需水量计算方法

水功能名称	起讫点	近期水质目标	远期水质目标	河段主要特点	需水量计算使用方法	方法使用依据
北运河北京景观用水区	沙河水库—沙河闸	V	IV	人体非直接接触的景观娱乐用水	Tennant法	一般景观用水，对水质要求不高
北运河北京农业用水区	沙河闸—北关闸	V	IV	水源为北京城区涝水、城市河湖和农业退水及部分废污水，河段的水污染严重	水质模型法	河流接受排污量较大，提高纳污能力，满足灌溉用水
北运河北京工业用水区	北关闸—杨洼闸	V	IV	水源为北京城区涝水和北京城市河湖退水及部分废污水，河段的水污染严重	水质模型法	一般工业用水对水质要求不高，但考虑河流接受排污量较大，提高河流纳污能力
津冀缓冲区	杨洼闸—土门楼	IV	IV	湿地自然保护区，典型植物芦苇生长及鸟类栖息、停留和繁殖地	Tennant法	湿地芦苇和其他动植物的生长和栖息用水

水功能名称	起讫点	近期水质目标	远期水质目标	河段主要特点	需水量计算使用方法	方法使用依据
天津农业用水区	土门楼—筐儿港	Ⅳ	Ⅳ	水体中除有水生维管束植物、藻类、底栖动物外有少量鱼类	鱼类生境法	考虑鱼类等动植物的生长和繁育
天津工、农业用水区	筐儿港—屈家店	Ⅳ	Ⅳ	水体中除有水生维管束植物、藻类、底栖动物外有少量鱼类	鱼类生境法	考虑鱼类等动植物的生长和繁育

*注：近期目标指 2020 年，远期目标指 2030 年。

5.3.2　北运河生态需水量计算

（1）Tennant 法计算生态需水量。Tennant 法建立了河流流量和水生生物、河流景观及娱乐之间的关系，在不考虑鱼类产卵育幼期的情况下，它分别将河道多年平均流量的 10%、30%、60% 作为河道生态流量的最小、适中、最佳值（表 5-3）。通过北运河的生态调查，沙河水库—沙河闸、杨洼闸—土门楼河段只有水生维管束植物、藻类、底栖动物等，而无鱼类活动，因此以该河段 1956—2008 年的 53 年长系列水文资料为计算基础，采用 Tennant 法计算得到两河段的生态需水量，结果见表 5-4。

表 5-3　河内流量与鱼类、野生动物、娱乐及相关环境资源关系

栖息地等定性描述	推荐的流量标准（年平均流量百分数，%）	
	一般用水期（10～3 月）	鱼类产卵育幼期（4～9 月）
最大	200	200
最佳流量	60～100	60～100
极好	40	60

续表

栖息地等定性描述	推荐的流量标准（年平均流量百分数,%）	
	一般用水期（10~3月）	鱼类产卵育幼期（4~9月）
非常好	30	50
好	20	40
开始退化的	10	30
差或最小	10	10
极差	<10	<10

表5-4　Tennant 法计算河段生态需水量

河段	最小生态需水 /（亿 m³/a）	适中生态需水 /（亿 m³/a）	最佳生态需水 /（亿 m³/a）
沙河水库—沙河闸	0.347	1.041	2.082
杨洼闸—土门楼	0.493	1.479	2.958

（2）水质模型法计算生态需水量。根据王西琴[138]等的研究，对于水污染严重的河流，其最小生态需水量主要是满足保持水体一定的稀释能力和一定的自净能力的需水量，即河流的最小生态需水量是河流主要污染物的自净需水量。此处采用一维稳态水质模型计算河流自净需水量。

$$u \frac{\partial C}{\partial x} = -KC \tag{5-1}$$

式中：u 为断面平均流速，m/s；K 为污染物自净系数，1/d；C 为污染物的断面平均浓度，mg/L。

其主要方法是将河流概化为一个个河段，在河段起始断面处，上游来水的污染物浓度为 C_0（即为河流的本底浓度），河流流量为 Q_0。当计算河段有单个排污口且在上游断面，假设水量沿程不变时，水质模型解析式为：

$$Q_0 = \frac{q_0 S_0 \exp\left(-\dfrac{Kx}{86.4u}\right) - q_0 C(x)}{C(x) - C_0 \exp\left(-\dfrac{Kx}{86.4u}\right)} \tag{5-2}$$

式中：$C(x)$ 为河段终止断面的污染物浓度，mg/L；C_0 为河段起始断面的污染物浓度，mg/L；x 为起始断面到终止断面的距离，km；K 为污染物自净系数，1/d；u 为断面平均流速，m/s；C_0、Q_0 分别为污染物浓度和上游来水水量，mg/L，m^3/s；q_0 为排污口排入河流的水量，m^3/s；S_0 为排污口排入河流的污染物浓度，mg/L。

当河段内排污口与断面有一定距离，并且有多个排污口时，可以得到：

$$Q_0 = \frac{\left(q_1 S_1 \exp\left(-\dfrac{Kx_1}{86.4u}\right) + q_2 S_2 \exp\left(-\dfrac{Kx_2}{86.4u}\right) + \cdots\right) - (q_1 + q_2 + \cdots)C(x)}{C(x) - C_0 \exp\left(-\dfrac{Kx_0}{86.4u}\right)}$$

$$(5-3)$$

令 $C(x)$ 为终止断面的水质目标 C_s，在已知排污口污水排放浓度和排放量时，就可以计算出河流的生态需水量 Q_0。

北运河属城市化半城市化河流，河流污染主要来自城市涝水、城市河湖退水及部分废污水，主要污染物为 COD 和 NH_3-N。根据河流功能分区的水环境目标，按照国家水环境质量标准确定各河段水质标准和各排污口河段的污水排放流量 q、排放浓度 C_d（河段的水环境容量目标值），以沙河闸—北关闸、北关闸—杨洼闸河段 2008 年的实际排污量为计算基础，计算得到沙河闸—北关闸、北关闸—杨洼闸河段生态环境需水量，结果见表 5-5。

表 5-5　水质模型法计算河段生态需水量

河段	河段长度/km	河段平均流速/（m/s）	COD 河流自净需水量		NH_3-N 河流自净需水量	
			/（m^3/s）	/（亿 m^3/a）	/（m^3/s）	/（亿 m^3/a）
沙河闸—北关闸	47.4	0.1	8.37	2.64	39.11	12.34
		0.2	25.94	8.19	100.05	31.58
		0.3	43.93	13.86	162.16	51.17

河段	河段长度/km	河段平均流速/(m/s)	COD 河流自净需水量		NH₃-N 河流自净需水量	
			/(m³/s)	/(亿 m³/a)	/(m³/s)	/(亿 m³/a)
北关闸—杨洼闸	38	0.1	10.68	3.37	15.57	4.92
		0.2	26.03	8.21	37.59	11.87
		0.3	41.63	13.14	59.97	18.92

（3）鱼类生境法计算生态需水量。鱼类生境法是我国学者根据我国河流的实际情况而提出来的，主要是通过鱼类产卵需要的水流条件来确定生态流量[139]，根据鱼类产卵所需的流速、水深等水力条件来计算。由于我国实测资料缺乏，一般以中国科学院武汉水生生物研究所刘健康院士 1992 年编的《中国淡水鱼类养殖学》为依据，采用鱼类产卵的适宜流速为 $0.3 \sim 0.4 \text{m/s}$[140]。该方法已经在辽河、松花江、嫩江的河道生态需水的研究中得到了应用。

鱼类是河流生态系统的顶级群落生物，河道内的流量减少改变了水域的理化性质及其食物链，使鱼类的生存环境、生长发育受到严重威胁，当鱼类的生存条件得到满足时，其他水生生物也相应地会得到满足。鱼类生境法即通过分析鱼类生境指标与水流条件的关系，选择能够满足鱼类生境需求的水流条件，确定生态流量的方法，即对不同的河流区域，以观测试验等手段获取鱼类生长、产卵繁殖所需要的流速信息，然后通过控制断面的流速—流量关系曲线，确定河流适宜生态流量。根据北运河的水生态的调查观测结果及收集到的相关资料，只有在天津段土门楼—筐儿港、筐儿港—屈家店区域发现有少量鱼类活动，且主要以鲫鱼为主，因此选择鲫鱼为本次研究的关键物种，由鲫鱼生存、产卵的适宜流速（鲫鱼产卵期一般为 $4 \sim 7$ 月，适宜流速为 $0.3 \sim 0.4 \text{ m/s}$，生长适宜流速为 0.2 m/s）、河流断面的水力参数等条件和梯形明渠过水断面水利要素的相关公式计算得出土门楼—筐儿港、筐儿港—屈家店河段维持鱼类及各种生物适宜生存的河流需水量。其中明渠过水断面的水利要素的相关公式 $R = n^{\frac{3}{2}} v^{\frac{3}{2}} J^{\frac{3}{4}}$、$R = A/\chi$（水力半径），$A = (b + mh)h$（断面面积），$\chi = b + 2h(1 + m^2)^{\frac{1}{2}}$（湿周）以及

$Q = AC(RJ)^{\frac{1}{2}}$（连续方程）和 $C = n^{-1}R^{\frac{1}{6}}$（谢才系数）$v = C(RJ)^{\frac{1}{2}}$（谢才公式）。

1）筐儿港。筐儿港附近八孔闸实测断面可以简化成为梯形断面进行计算，大断面水面长度为184m，河流底部长度为106m，水深为2.4m，根据梯形面积公式可以计算出筐儿港闸横断面的边坡系数：$m = 2.4/\{(184 - 106) \times 0.5\} = 2.4/39$。水力坡度 J_1 为4.38/29000，鱼类产卵期4~7月，适宜流速为0.3~0.4 m/s，生长适宜流速为0.2 m/s，糙率 n 为0.025。最后计算得出生长期月生态需水量为0.121 亿 m^3，产卵期月生态需水量0.403 亿 m^3。

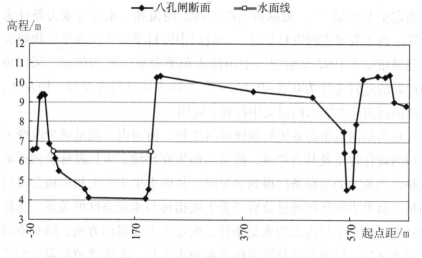

图 5-1 八孔闸 30+600 处横断面图

2）屈家店。屈家店上游断面（桩号54+400）横断面图如图5-2所示。屈家店闸实测断面可以简化成为梯形断面进行计算，大断面水面长度为262m，河流底部长度为230m，水深为3.28m，根据梯形面积公式可以计算出屈家店闸横断面的边坡系数：$m = 3.28/\{(262 - 230) \times 0.5\} = 3.28/16$。糙率 n 为0.025，水力坡度 J_2 为3.18/24400，鱼类产卵期4~7月，适宜流速为0.3~0.4 m/s，生长适宜流速为0.2 m/s，最后计算得出生长期月生态需水量为0.158 亿 m^3，产卵期月生态需水量0.438 亿 m^3。

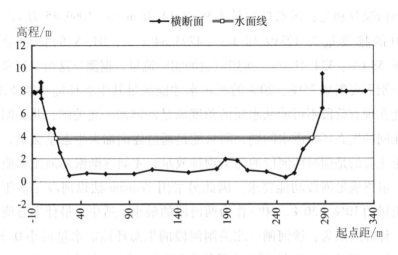

图 5 - 2　屈家店 54 + 400 处横断面图

表 5 - 6　鱼类生境法计算河段生态需水量

单位：亿 m^3

项目	1	2	3	4	5	6	7	8	9	10	11	12	全年
土门楼— 筐儿港	0.121	0.121	0.121	0.403	0.403	0.403	0.403	0.121	0.121	0.121	0.121	0.121	2.581
筐儿港— 屈家店	0.158	0.158	0.158	0.438	0.438	0.438	0.438	0.158	0.158	0.158	0.158	0.158	3.016

5.3.3　计算结果分析

沙河闸—北关闸及北关闸—杨洼闸河段的水资源、水环境特征主要是水资源量能够满足其生态环境的需水，但由于该河段的水源为北京城区涝水和北京城市河湖退水及部分废污水，河段的水污染严重，水质不能满足水功能区划的要求，因此采用水质模型法，以 NH_3-N 的河流自净需水量作为河流的生态需水量（因 NH_3-N 的河流自净需水量大于 COD 计算的自净需水量），计算得到两河段的最小生态需水量分别是 12.34 亿 m^3/a 和 4.92 亿 m^3/a。然而两河段多年平均实际来水量分别为 3.08 亿 m^3/a、4.01 亿 m^3/a，河道来水量远小于计算水量，也就是该河段排入的废污水远远超过现阶段河段河水稀释降解、自净能力的范围。据调查，沙河闸—北关闸、北关闸—杨洼闸河段 2008 年的排污情况分别是：污水排放量为 9669.14 万 m³/a、1069.45 万 m³/a；COD 的排放量为 12319.14 t/a、4793.84 t/a；NH_3-N 的排放量为 1648.58 t/a、334.41 t/a。按照河道的实际流量，据测算这两个河段至少分别需要削减 75%、20% 的废污水才能满足其生态环境功能要求。因此在现有阶段不可能从水质的角度满足沙河闸—北关闸、北关闸—杨洼闸的生态环境需水问题，而只能是通过逐渐加大生态基流量，同时更主要的是削减两河段的污染物排放量，才能逐渐恢复河流水质状况，最终满足河段功能要求。因此另采用 Tennant 法以河段年多年平均流量的 10%、30%、60% 作为两河段的最小、适中、最佳生态流量值，计算结果为：沙河闸—北关闸河段的生态环境需水量最小 0.308 亿 m³/a、适中 0.923 亿 m³/a、最佳 1.846 亿 m³/a；北关闸—杨洼闸河段的生态环境需水量最小 0.401 亿 m³/a、适中 1.203 亿 m³/a、最佳 2.401 亿 m³/a。

从水生态角度，根据北运河水生态调查，整个北运河流域由于污染严重，水生物多以浮游植物、浮游动物、底栖动物及水生维管束植物为主，很少有顶级动物鱼类活动，仅在天津的筐儿港、屈家店段发现有少量鱼类，为满足鱼类生存繁殖的需要，恢复该段河流生态健康，采用鱼类生境法计算得出筐儿港、屈家店河段的生态需水量为 2.581 亿 m³/a、3.016 亿 m³/a，分别占河段多年平均流量的 84% 和 95%，而采用 Tennant 法即：一般用水期（7~3 月）取该河段多年平均流量的 10%、30%、60% 作为最小、适中、最佳生态环境需水量，而鱼类产卵育幼期（4~7 月）相应取河段多年平均流量的 30%、50%、70% 作为最小、适中、最佳生态环境需水量，计算该功能区的生态需水量，可得到土门楼—筐儿港河段的生态需水量分别为：最小 0.516 亿 m³/a、适中 1.085 亿 m³/a、最佳 1.821 亿 m³/a（小于 2.581 亿 m³/a）；筐儿港—屈家店河段的生态需水量分别为：最小 0.599 亿 m³/a、适中 1.236 亿 m³/a、最佳 2.053 亿 m³/a（小于 3.016 亿 m³/a）。由此可见，用鱼类生境法计算的河段生态需水量是恢复河流生态结构与功能健康，维持生物多样性的水量，属于最高级别的河流生态需水。根据北运河流域功能区划，综合上述分析，分别取 0.516 亿 m³/a、1.085 亿 m³/a、2.581 亿 m³/a 和 0.599 亿 m³/a、1.236 亿 m³/a、3.016 亿 m³/a 为上述两河段的最小、适中、最佳生态环境需水量。

综合以上计算分析，得到北运河主要功能区的生态基流最小流量和逐渐改善达到的北运河生态环境未来目标的适中、最佳生态需水量，见表 5-7。

表 5-7 北运河河流生态需水量计算汇总表

单位：亿 m³

河段	生态环境需水量	1月	2月	3月	4月	5月	6月	7月	8月	9月	10月	11月	12月	全年
沙河水库—	最小	0.0024	0.0035	0.008	0.0118	0.0104	0.0451	0.1021	0.0836	0.0394	0.0207	0.0152	0.052	0.347
沙河闸	适中	0.007	0.011	0.024	0.035	0.031	0.135	0.306	0.251	0.118	0.062	0.046	0.156	1.041
(16km)	最佳	0.014	0.021	0.048	0.071	0.062	0.271	0.613	0.502	0.236	0.124	0.091	0.312	2.082
沙河闸—	最小	0.013	0.008	0.006	0.003	0.008	0.012	0.06	0.113	0.04	0.02	0.012	0.014	0.308
北关闸	适中	0.028	0.0143	0.0093	0.003	0.0183	0.0317	0.18	0.3418	0.1171	0.0566	0.0255	0.0333	0.86
(47.4km)	最佳	0.067	0.0383	0.0283	0.012	0.0423	0.0667	0.359	0.6788	0.2381	0.1156	0.0605	0.0753	1.783
北关闸—	最小	0.02	0.018	0.016	0.012	0.026	0.032	0.062	0.1	0.046	0.029	0.02	0.02	0.401
杨洼闸	适中	0.0497	0.0451	0.0394	0.0302	0.0716	0.0909	0.1827	0.298	0.131	0.0806	0.0491	0.0507	1.12
(38.06km)	最佳	0.1097	0.0991	0.0874	0.0662	0.1496	0.1869	0.3687	0.598	0.269	0.1676	0.1091	0.1107	2.323
杨洼闸—	最小	0.027	0.027	0.026	0.02	0.045	0.053	0.064	0.088	0.053	0.037	0.027	0.027	0.493
土门楼	适中	0.0708	0.0698	0.0658	0.0513	0.1251	0.149	0.1807	0.253	0.1462	0.1013	0.0671	0.0699	1.35
(17.34km)	最佳	0.1538	0.1508	0.1428	0.1123	0.2601	0.307	0.3717	0.516	0.3042	0.2123	0.1471	0.1509	2.829
土门楼—	最小	0.015	0.014	0.006	0.048	0.039	0.129	0.132	0.048	0.033	0.024	0.014	0.014	0.516
筐儿港	适中	0.045	0.043	0.018	0.08	0.065	0.215	0.22	0.144	0.098	0.072	0.043	0.042	1.085
(41.4km)	最佳	0.121	0.121	0.121	0.403	0.403	0.403	0.403	0.121	0.121	0.121	0.121	0.121	2.581
筐儿港—	最小	0.016	0.012	0.015	0.033	0.093	0.129	0.162	0.057	0.039	0.019	0.011	0.013	0.599
屈家店	适中	0.048	0.036	0.045	0.055	0.155	0.215	0.27	0.17	0.116	0.056	0.032	0.038	1.236
(32.9km)	最佳	0.158	0.158	0.158	0.438	0.438	0.438	0.438	0.158	0.158	0.158	0.158	0.158	3.016

5.3.4 北运河闸坝生态调度目标

针对北运河河流生态的一些列问题，以 5.3.3 节计算的北运河河流生态需水量为生态调度目标和依据，从河流整体出发，充分考虑北运河丰水期（6~8 月）、平水期（9~11 月；4~5 月）和枯水期（12~3 月）的防洪、灌溉等其他功能要求，制定北运河不同时期的闸坝生态调度目标。

表 5-8　北运河闸坝生态调度目标准则

调度时期与阶段		调度原则	控制指标
枯水期 （12~3月）		根据下游河道最小生态需水量要求进行泄放，以保证河流不断流，遏止生态环境恶化	最小生态需水量
平水期 （9~11月；4~5月）		根据下游河道适宜生态需水量要求进行泄放，以满足特定断面水质要求，控制水体富营养化	适宜生态需水量
丰水期	汛前（6月）	根据最佳生态需水量泄流，控制闸前不超过汛限水位	最大生态需水量；汛限水位
	汛期（7~8月）	服从防洪调度，控制洪灾风险，保护生命财产安全	防洪控制水位和相应泄量

5.4　北运河闸坝生态调度方式拟定

根据北运河闸坝生态调度的生态目标，分析河流生态环境的客观实际用水需求，结合闸坝上、下游的来水情况和闸坝需要承担的具体生态任务，确定闸坝向下游的下泄水量。需要注意的是，在不同时段下，由于闸坝下游生态目标的需水要求有所不同，因此需要根据年内生态需水要求的变化来确定各个时段的闸坝调度方案。

5.4.1　泄流方案情景设置

根据北运河生态需水量计算结果，拟定不同水平年和不同生态效果下北运河干流主要闸坝的控制下泄流量。其中不同水平年包括现状年（2007年）、丰水年（20%频率年）、平水年（50%频率年）、枯水年（75%频率年）、特枯水年（95%频率年）。不同生态效果包括现状调度效果和生态调度效果，现状方案不考虑生态基流的要求（即可能出现完全闭闸蓄水的状态）、生态方案则考虑生态基流的要求。

5.4.2　闸坝生态调度运行方式

（1）从水库安全角度，各闸坝上游汛期蓄水位不超过汛限水位，非汛期不超过正常蓄水位；当上游水位超过汛限水位时，闸坝按最大泄流能力泄水（敞泄）。

（2）调度方式：方式一是按各控制闸坝汛期采用汛前水位和非汛期采用正常高水位运行的方式，再考虑生态基流的要求后提出的调度方案；方式二是考虑生态需水的水量平衡后提出的各控制闸坝调度方案。

（3）闸坝泄量控制原则：北关闸、杨洼闸、土门楼、筐儿港和屈家店各闸坝根据上游来水量，考虑生态需水量和区间内用水量需求，以及汛期防洪控制水位，制定出各种情景的逐日泄流量。

沙河闸根据东沙河、南沙河及北沙河逐日径流资料计算入库流量，考虑沙河水库的蒸发渗漏损失，并扣除上游灌溉引水需求后，以沙河水库的最低运用水位和正常蓄水位作为控制指标，以水位库容曲线为依据，在逐日水量平衡分析的基础上，制定出各种情景的逐日泄流量。

5.5　本章小结

针对现行北运河流域闸坝调度的现状和问题，及由此造成的河流生态现状，提出北运河闸坝生态调度的原则。通过对河流生态需水量计算方法的比较和北运河河段各功能区水资源利用的特点要求，运用基于水功能区划的河流生态需水量计算方法，分时段、分区域、分等级计算北运河河流生态需水量，并将此确定为北运河闸坝生态调度目标和依据，建立以防洪为约束，以河流生态用水为保障的北运河闸坝生态调度模式，拟定了不同水平年和不同生态效果下北运河干流主要闸坝运行方式。

第 6 章　闸坝下游河流水动力及水质演变过程研究

# 第6章 闸坝下游河流水动力及水质演变过程研究

根据5.4节拟定的闸坝生态调度方式，通过建立闸坝群联合调度模型，对北运河闸坝群不同调度运行方式下下游河道水量水质进行模拟，探讨不同调度情况下的河流水动力及水质特性，为北运河流域正确的闸坝生态调度提供依据。

6.1 相关研究进展

鉴于闸坝控制下河流系统出现的各种生态问题，国内外许多研究工作者试图通过对河流水动力学及水质模型的研究，探讨闸坝下游河流水动力及水质演变过程，来分析和解决河流生态问题。Loftis 等[141]使用水量水质模拟模型及优化模型方法，综合考虑水量水质目标，研究了湖泊水资源调度的方法；为满足水库下游的水质目标，Hayes 等[142]集成了水量水质与发电的优化调度模型，探讨了流域范围内水库的日调度规则；Willey 等[143]在考虑水库的洪水控制、发电、下游河道内流量和水质控制目标的情况下，通过水质数学模型（HEC-5Q），描述了水库泄水时对下游河流水质的影响。在国内，董增川等[144]针对太湖流域存在的主要水问题，在引江济太原型试验引分水控制模式分析的基础上，建立了基于数值模拟的区域水量水质模拟与调度的耦合模型，并应用到望虞河引水调度，分析不同工况下调水对太湖水生态环境的影响。孙宗风[145]以河道生态系统为研究对象，对水利工程进行了生态效应的分析，并以改善河流生态为目标，探讨河流水量水质联合调度方式，建立水生态动力学系统。付意成[146]针对水资源调控研究多以自然水循环为主体易忽略水质潜在功效，构建了在时空上合理调配的水量水质联合调控模型；左其亭等[147]提出了"多箱模型方法"（Multi-Box Modeling），建立陆面水量—水质—生态耦合系统模

型，并应用于新疆博斯腾湖流域；吴浩云[148]结合引江济太调水试验，在大型平原河网地区运用水量水质联合调度模型进行河网水量水质联合调度，为水质型缺水地区水资源配置和跨流域调水提供了新思路。

在北运河流域，郑毅[149]基于 WebGIS 系统和浏览器/服务器（B/S）结构，建立北运河流域洪水预报与调度系统，并验证了北运河流域不同设计降雨情况下流域产汇流、支流汇入、交叉河道洪水相互顶托以及水库、闸门调控等因素对洪水演进的综合影响；荆海晓[150]利用重叠—投影法对所建立的河网一、二维模型进行了耦合求解，并将模型应用于北运河流域，对模型进行了验证；郭正鑫[151]以 SWAT 模型为基础，设计开发了基于 GIS 流域水质水量联合控制系统，并对比分析了北运河全流域内现状有闸、无闸等情景下河流水文情势和水环境过程的变化。

本章将以国家水体污染控制与治理科技重大专项项目北运河水系水量水质联合调度关键技术与示范研究课题（2008ZX07209-002）子课题 3 北运河流域水量水质联合调度决策支持系统关键技术与集成研究（2008ZX07209-002-003）为技术平台，研究北运河闸坝下游河流水动力及水质演变过程。

6.2 水动力—水质模型原理

6.2.1 河流水动力模型

（1）基本方程。描述河道水流运动的基本方程是圣维南方程组。它由连续方程和动量方程组成[152]。

连续方程：$\dfrac{\partial Q}{\partial x} + B\dfrac{\partial Z}{\partial t} = q$ （6-1）

动量方程：$\dfrac{\partial Q}{\partial t} + \dfrac{\partial}{\partial x}(\alpha Q u) + gA\dfrac{\partial Z}{\partial x} + gA\dfrac{Q|Q|}{K^2} = q v_x$ （6-2）

式中：x 为距离，m；t 为时间，s；A 为主槽过水断面面积，m^2；

B 为调蓄宽度，m；Q 为断面流量，m^3/s；u 为断面流速，m/s；Z 为断面水位，m；α 为动量修正系数；g 为重力加速度，m/s^2；K 为流量模数，m^3/s；q 为旁侧入流量，m^3/s，入流为正，出流为负；v_x 为入流沿水流方向的速度，m/s，若旁侧入流垂直于主流，则 $v_x = 0$。

（2）数值求解。基于圣维南方程组的一维非恒定流模拟，本书采用 Perissmann 四点隐式离散方法对基本方程进行离散，主要是因为这种算法数值稳定和守恒性好以及可显式无迭代求解计算效率高。离散后，对公式简化可得任何一段河道水流连续方程和动量方程为（式中 $v_x = 0$）[11]：

$$Q_{i+1} - Q_i + C_i Z_{i+1} + C_i Z_i = D_i \tag{6-3}$$

$$E_i Q_i + G_i Q_{i+1} + F_i Z_{i+1} - F_i Z_i = \Phi_i \tag{6-4}$$

式中系数均可根据前一时段已知值及选定的时间和空间步长计算，所以方程组为常系数线性方程组。对于该方程组，根据不同的边界条件，可设不同的递推关系，用追赶法直接求解。对于城市环形河网数值求解，本书采用河道—节点—河道的三级解法，具体算法见参考文献 [153]。

（3）节点连接条件。河网节点分为两类，一类是节点处有较大的蓄水面积，节点水位变化产生的蓄水量的变化不可忽略，为调蓄节点；其次就是节点处的水量调蓄面积较小，水位变化产生的节点蓄水量变化可忽略，为无调蓄节点。

$$\text{对于调蓄节点：} \sum_{j=1}^{m} Q_{ij} = A_i \frac{\mathrm{d}Z_i}{\mathrm{d}t} \tag{6-5}$$

$$\text{对于无调蓄节点：} \sum_{j=1}^{m} Q_{ij} = 0 \tag{6-6}$$

式中：Q_{ij} 为河道 j 汇入节点 i 的流量，m^3/s；A_i 为节点 i 的蓄水面积，m^2；Z_i 为节点 i 的水位，m；m 为汇入节点 i 的河道数。

能量守恒条件：由于汇集于同一节点的各河道断面水位相差不大，不存在水位突变，且水位变化缓慢，因此节点能量守恒条件——伯努利方程，可近似概化为：

$$Z_i = Z_j(i = 1,2,\cdots,m;j = 1,2,\cdots,m) \qquad (6-7)$$

（4）边界条件。河道的边界条件一般有三种：水位边界条件，即在边界河道上已知水位与时间的关系 $Z = Z(t)$；流量边界条件，$Q = Q(t)$；水位流量关系条件，当边界河道上有水工建筑物（如水闸，堤坝，堰）时，通常给定水位流量关系 $Q = Q(z)$。边界条件由实测边界断面水位资料求得。

（5）闸坝控制计算模式。闸坝调度计算模式由调度规则和河段控制方程组成，具体构成如下：首先将闸上和闸下分别设置上下两个节点，则节点之间成为闸坝调度计算河段，再将闸坝泄流方程改写成河网河段方程形式，这样就能将闸坝控制河段的计算模式与河网的计算模式隐式联解。根据闸上下过流量相等，即 $Q_1 = Q_n$，采用伯努利能量方程计算闸坝调度的河段方程，则有：

$$\alpha_n = \frac{Q - \beta Z_1}{Z_n} \times \frac{|Q_1|}{2gA_1^2};\alpha_1 = \frac{Q - \eta Z_n}{Z_1} \times \frac{|Q_n|}{2gA_n^2} \qquad (6-8)$$

式中：Z_1 为闸上水位，m；Z_n 为闸下水位，m；Q_1 为闸上过流量，m^3/s；Q_n 为闸下过流量，m^3/s；A_1 为闸上过水断面面积，m^2，A_n 为闸下过水断面面积，m^2；$\beta = -\dfrac{2gA_1^2}{|Q_1|}$，$\eta = -\dfrac{2gA_n^2}{|Q_n|}$。

6.2.2　河流水质模型

城市半城市化河流水质呈非稳态不均匀变化，受水质观测资料的限制，本文采用一维河流水质模型。

（1）基本方程。一维对流扩散模型的基本偏微分方程式：

$$\frac{\partial \bar{c}}{\partial t} + \bar{u}\frac{\partial \bar{c}}{\partial x} = \overline{D}\frac{\partial^2 \bar{c}}{\partial x^2} + \sum S_{\text{ext}} + \sum S_{\text{int}} \qquad (6-9)$$

式中：$\bar{c}$ 为断面平均污染物浓度，mg/L；$\bar{u}$ 为断面平均纵向流速，m/s；$\overline{D}$ 为纵向离散系数，m^2/t；S_{ext} 为外部源汇项，S_{int} 为内部源汇项，即降解项，一般假定降解符合一级动力反应，则 $\sum S_{\text{int}} = -kc$，$k$ 为综合一级动力学反应速度（1/d）。

（2）污染物质河流节点平衡方程。根据质量守恒原理，节点水量及污染物质量为：

$$W = \sum_i Q_i \qquad (6-10)$$

$$M = \sum_i Q_i C_i = (C_i A_i)\left(\frac{\mathrm{d}Z}{\mathrm{d}t}\right) \qquad (6-11)$$

式中：W 为河道汇入节点水量，m^3；M 为节点污染物质量，mg；C_i 为节点污染物浓度，mg/L；Ω 为节点水面面积，m^2；其他同上。对于无调蓄作用的节点，对节点浓度有贡献的是进入节点的水量和物质浓度，与流出的水量和物质浓度无关。在节点经过充分混合，节点浓度为 $C_n = M/W$，也是流出节点进入河段的水质浓度。

（3）离散方程。河流污染物质对流离散方程采用有限控制体积显式算法，进行逐微段污染物质量平衡计算和节点污染物质量平衡计算。离散方程如下：

$$\frac{(AC)_i^{n+1} - (AC)_i^n}{\Delta t}\Delta X_i = (QC)_{i+1/2}^{n+1/2} - (QC)_{i+1/2}^n + \left(AD\frac{\partial C}{\partial x}\right)_{i+1/2}^n$$
$$- KC_i^n \Delta X_i \qquad (6-12)$$

$$\sum_{i=1}^{NL}(QC)_{i,j} = (C\Omega)_j \left(\frac{\mathrm{d}Z}{\mathrm{d}t}\right)_j \qquad (6-13)$$

式中：NL 为流入节点的河段编号。

6.3 北运河闸坝下游河流水动力特性和水质特性

6.3.1 调度边界条件和约束条件

利用水动力学和水质模型对北运河流域现状年（2007）、丰水年（20%频率年）、平水年（50%频率年）、枯水年（75%频率年）、特枯水年（95%频率年）的水文过程进行水质水量联合调度模拟演算。演算过程中，根据重点调度闸坝的设置，将北运河干流分为五个河段区间进行统计。各河段的侧汇和取水口名称见表6-1。

表6-1　北运河干流各河段侧汇和取水口名称

河段	侧汇取水	侧汇取水口名称
沙河闸—北关闸	侧汇	蔺沟河
		清河
		龙道河
		天竺村
		楼台村
		坝河
		小中河
		通惠河
	取水	顺义
		通州
北关闸—杨洼闸	侧汇	宋郎桥东
		东方化工厂
		武遥
		凉水河
	取水	无
杨洼闸—土门楼	侧汇	凤港减河
	取水	无
土门楼—筐儿港	侧汇	排污河
		龙河
		凤河
	取水	无
筐儿港—屈家店	侧汇	无
	取水	无

　　模型的演算受到不同水平年上游水库的可调水量、各主要闸坝区间来水量、污水及主要水利工程的调蓄情况限制。表6-2是沙河闸典型年月及年可调水量，月可调水量有起调库容、减死库容的累积。

表 6-2　沙河闸典型年月及年可调水量

单位：万 m³

月份	丰水年	平水年	枯水年	特枯水年	现状年	备注
1	904.236499	770.4986	814.7688	777.2634	770.4986	
2	874.4176558	750.8635	761.0095	755.3977	750.8635	
3	989.2249868	1345.775	794.9194	783.2266	1345.775	
4	887.3194425	1148.453	1033.695	796.8045	1148.453	
5	1298.491955	2015.377	1645.508	1454.272	2015.377	
6	6116.845838	2368.142	1486.513	1068.717	2368.142	
7	7364.77782	3831.613	4006.208	3346.755	3709.926	
8	5399.904661	2743.204	2907.07	2365.992	2720.687	
9	2872.31498	2518.292	1733.469	1139.288	2459.126	
10	2294.52747	1709.021	1483.509	1052.841	1706.356	
11	949.9048937	789.9876	752.5115	832.8925	789.2822	
12	921.27813	789.4631	787.5442	776.8938	789.3747	
年调水量	23504.34433	13411.79	10837.83	7781.444	13204.96	

　　表 6-3 是不同水平年各统计区间上游年来水量、区间年来水量、区间污水量、区间再生水量和总来水量统计。水量调度基于此水量统计来进行，通过控制北关闸、杨洼闸、土门楼、筐儿港和屈家店闸的下泄流量达到对各区间进行调度的目的。

表 6-3　不同水平年各区间来水量统计

单位：万 m³

代表年	河段	控制闸坝	上游年来水量	区间年来水量	区间污水量	区间再生水量	总来水量
丰水年	沙河闸－北关闸	北关闸	21222.67	44301.50	12284.48	43384.48	121193.13
	北关闸－杨洼闸	杨洼闸		25493.90	11549.73	21900.00	58943.63
	杨洼闸－土门楼	土门楼		5555.55	18.25	0.00	5573.80
	土门楼－筐儿港	筐儿港		59859.54	56.47	0.00	59916.00
	筐儿港－屈家店	屈家店		0.00	214.99	1581.98	1796.97

代表年	河段	控制闸坝	上游年来水量	区间年来水量	区间污水量	区间再生水量	总来水量
平水年	沙河闸－北关闸	北关闸	12523.24	30568.35	12284.48	43384.48	98760.55
	北关闸－杨洼闸	杨洼闸		17895.70	11549.73	21900.00	51345.43
	杨洼闸－土门楼	土门楼		3956.35	18.25	0.00	3974.60
	土门楼－筐儿港	筐儿港		44375.63	56.47	0.00	44432.10
	筐儿港－屈家店	屈家店		0.00	214.99	1581.98	1796.97
枯水年	沙河闸－北关闸	北关闸	9949.28	20204.58	12284.48	43384.48	85822.81
	北关闸－杨洼闸	杨洼闸		11784.67	11549.73	21900.00	45234.40
	杨洼闸－土门楼	土门楼		2052.67	18.25	0.00	2070.92
	土门楼－筐儿港	筐儿港		26213.93	56.47	0.00	26270.40
	筐儿港－屈家店	屈家店		0.00	214.99	1581.98	1796.97
特枯水年	沙河闸－北关闸	北关闸	7413.83	12539.31	12284.48	43384.48	75622.11
	北关闸－杨洼闸	杨洼闸		7380.30	11549.73	21900.00	40830.03
	杨洼闸－土门楼	土门楼		1364.68	18.25	0.00	1382.93
	土门楼－筐儿港	筐儿港		16071.27	56.47	0.00	16127.73
	筐儿港－屈家店	屈家店		0.00	214.99	1581.98	1796.97
2007年	沙河闸－北关闸	北关闸	12316.42	14843.57	12284.48	43384.48	82828.94
	北关闸－杨洼闸	杨洼闸		14155.82	11549.73	21900.00	47605.55
	杨洼闸－土门楼	土门楼		4097.57	18.25	0.00	4115.82
	土门楼－筐儿港	筐儿港		32249.58	56.47	0.00	32306.05
	筐儿港－屈家店	屈家店		0.00	214.99	1581.98	1796.97

表6－4是北运河流域水库和蓄滞洪区库容统计。表6－5是北运河干流北京段各主要闸坝蓄水量统计。水库、蓄滞洪区和闸坝是流域主要蓄水工程，其库容或蓄水量是北运河流域闸坝调度的重要保障。

表6－4　北运河流域水库和蓄滞洪区库容统计

水库名称	总库容/万 m³	蓄洪区	总库容/万 m³
十三陵	7370	东沙河蓄洪区	1278.3
桃峪口	1008	沙河沟蓄洪区	229.1

水库名称	总库容/万 m³	蓄洪区	总库容/万 m³
王家园	500	高崖口蓄洪区	319
响潭	750	白羊城蓄洪区	374
南庄	176	南口蓄洪区	1200
沙峪口	775	邓庄河蓄洪区	265.2
沙河水库	1589	大黄堡洼	31370
合计	12168	合计	35035.6

表 6-5 北运河干流北京段各主要闸坝蓄水量统计

闸坝名称	所属河流	最高蓄水位/m	蓄水量/万 m³
尚信橡胶坝	温榆河	32.2	126
郑各庄橡胶坝	温榆河	30.5	93
曹碾橡胶坝	温榆河	常年塌坝运行，蓄水量含在土沟橡胶坝内	
土沟橡胶坝	温榆河	29	193
鲁疃闸	温榆河	26.5	151
辛堡闸	温榆河	24.8	115
苇沟闸	温榆河	21	130
北关拦河闸	北运河	20.5	786
北关分洪闸			
合计			1594
潞湾橡胶坝	北运河	18	851
榆林庄闸现状：西	北运河	16.5	696
榆林庄闸现状：东			
杨洼闸	北运河	14	699
合计			2246

表 6-6 为 2007 年北京市北运河流域污染状况调查报告统计的直接入河排污口和污水处理厂排污数据，是流域的主要污染负荷。

表 6 - 6　北运河流域排污口和污水处理厂排污统计（2007 年）

子流域	流域面积 km²	排污口出水				污水处理厂出水			污水处理厂名称
		排污口数量/个	入河量/(万 m³/a)	入河COD总量/(t/a)	入河氨氮总量/(t/a)	入河量/(万 m³/a)	入河COD排放量/(t/a)	入河氨氮排放量/(t/a)	
东沙河	279	15	362.98	174.26	71.15	912.5	228.13	182.5	昌平市政污水处理厂
北沙河	716	53	914.74	1567.61	173.46	88.3	119.21	8.83	吉利大学污水处理厂
南沙河	233	80	486.91	818.14	97.38	0	0	0	—
蔺沟河	316	23	976.55	730.09	168.87	0	0	0	—
温榆河	359	182	8209.14	11319.47	1581.2	1460	1000	67.38	同晟污水处理厂和机场污水处理站
清河	236	82	605.79	854	136.08	17506	7174	1446	清河污水处理厂
坝河	165	157	1462.15	1309.67	193.32	9088.5	3331.72	152.16	酒仙桥污水处理厂和北小河污水处理厂
小中河	260	56	713.43	917.31	86.61	2555	970.9	35	顺义污水处理厂
通惠河	159	56	317.44	327.9	43.18	12775	2299.5	209.51	高碑店污水处理厂
凉水河	838	72	10480.29	9906.77	2152.12	21900	2628	998.64	小红门污水处理厂

子流域	流域面积（km²）	排污口出水				污水处理厂出水			污水处理厂名称
		排污口数量/个	入河量/（万 m³/a）	入河COD总量/（t/a）	入河氨氮总量/（t/a）	入河量/（万 m³/a）	入河COD排放量/（t/a）	入河氨氮排放量/（t/a）	
凤港减河	198	3	18.25	23.22	1.71	0	0	0	—
凤河及港沟河	385	8	56.5	1558.16	17.98	0	0	0	—
北运河北京段	280	16	1069.45	4793.84	334.41	0	0	0	—
北运河天津段	1574	—	215	120	32	1582	590	116	天津重科水处理有限公司和天津世升水治理有限公司、武清区第一、二污水处理厂
合计	5998	803	25888.62	34420.44	5089.47	67867.3	18341.46	3216.02	

　　当然，模型演算最主要的约束条件是满足各河段的河流生态需水量及水质保护目标。详见表 6-7。

表 6-7　北运河水功能区划和水质目标

河流	功能区名称	起始断面	水质代表断面	终止断面	长度/km	功能排序	现状水质	水质目标	COD限值/（mg/L）	氨氮限值/（mg/L）	区划依据
温榆河上段	北运北京景观水源区	沙河水库	沙河水库	沙子营	39.6	景观农业	>V	IV	10	1.5	规划景观区
温榆河下段	北运北京农业水源区	沙子营	北关闸	北关闸	23.8	农业景观	>V	V	15	2	规划农业用水
北运河	北运北京农业水源区	北关闸	榆林庄	牛牧屯	38	农业景观	>V	V	15	2	规划农业用水

河流	功能区名称	起始断面	水质代表断面	终止断面	长度/km	功能排序	现状水质	水质目标	COD限值/(mg/L)	氨氮限值/(mg/L)	区划依据
北运河	缓冲区	牛牧屯	土门楼	土门楼		缓冲区		IV	10	1.5	津冀省界
北运河	开发利用区	土门楼	筐儿港闸上	筐儿港		开发利用区		V	15	2	调水输水、工业、农业用水
北运河	开发利用区	筐儿港	老米店	屈家店		开发利用区		V	15	2	调水输水、工业、农业用水

6.3.2 调度工况设计

根据北运河河道外需水量和河道生态需水的方面设计计算工况，针对不同水平年和不同生态效果，共设计10组闸坝调度工况，见表6-8。

工况计算时，控制各河段区间的调度闸坝闸（坝）前水位，将不同代表年的汛期多余水量蓄在河道内，非汛期利用河道槽蓄量对下泄生态基流和供水进行补充。当河道蓄水量达到最大槽蓄量时不再进行蓄水。在汛期调度时，充分利用运潮减河、青龙湾减河、筐儿港减河、永定新河和新引河分泄北运河洪水，防止北运河左右堤岸漫堤。计算时首先要满足闸坝调度的生态需水，如果上游来流不能满足就用河道的存水来补充，当河道蓄水仍不能满足下泄和供水时则供水量或者生态需水无法满足。

表6-8 北运河水平年闸坝调度设计工况

水文年型	非点源	点源负荷	调度方式
现状年（2007年）	2007年	2007年点源	现状调度
			生态调度
丰水年（20%频率年）	丰水年	2007年点源	现状调度
			生态调度
平水年（50%频率年）	平水年	2007年点源	现状调度
			生态调度

续表

水文年型	非点源	点源负荷	调度方式
枯水年（75%频率年）	枯水年	2007年点源	现状调度
			生态调度
特枯水年（95%频率年）	特枯水年	2007年点源	现状调度
			生态调度

6.3.3　水动力学特性

（1）现状年（2007年）。根据河流来水量，现状年（2007年）为枯水年。对现状年进行现状调度和生态调度两种工况进行水动力学分析，分别得到北运河下游典型闸北关闸、杨洼闸、土门楼、筐儿港、屈家店流量过程线（图6-1~图6-5）、水位过程线（图6-6~图6-10）、流速过程线（图6-11~图6-15）。

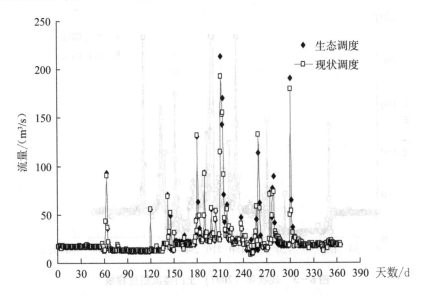

图6-1　现状年（2007）北关闸流量过程线

从现状年（2007）流量过程线图上可以看出，典型闸在现状调度和生态调度方案下流量相差不大，除了屈家店闸以外，各典型闸基本上都是在6月份生态调度流量小于现状调度流量。9、10月份现状调

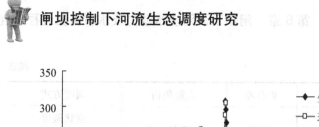

图 6-2 现状年（2007）杨洼闸流量过程线

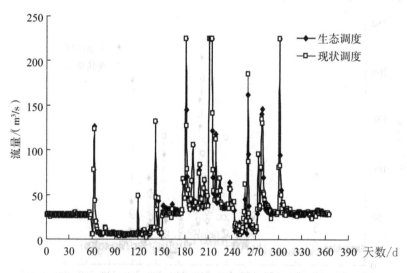

图 6-3 现状年（2007）土门楼流量过程线

度和生态调度流量相比互有大有小，说明在 9、10 月份生态调度相比现状调度比较频繁。

从图 6-2（2007）流量过程图上可以看出，和生态调度图方案下流量相差不大，限于展示范围所示，在 6 月份生态调度流量要略大于现状调度流量。

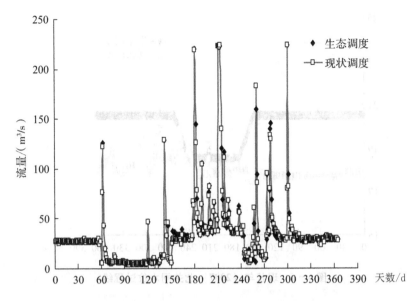

图 6-4　现状年（2007）筐儿港流量过程线

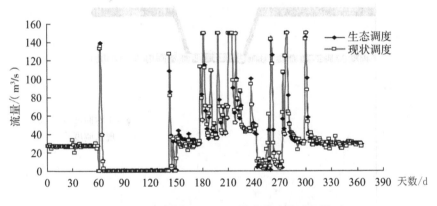

图 6-5　现状年（2007）屈家店流量过程线

从现状年（2007）水位过程线图上可以看出，北关闸和杨洼闸的生态调度和现状调度的汛期水位比较接近，而且比较低，这主要是因为生态调度在汛期时考虑了汛前水位。土门楼闸的生态调度水位和现状调度水位比较接近。筐儿港、屈家店的现状水位和生态调度水位互有高低。

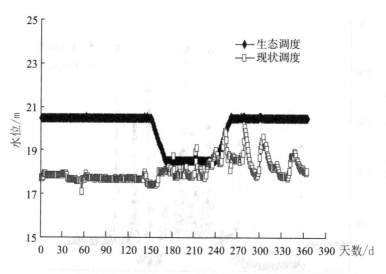

图 6 - 6　现状年（2007）北关闸水位过程线

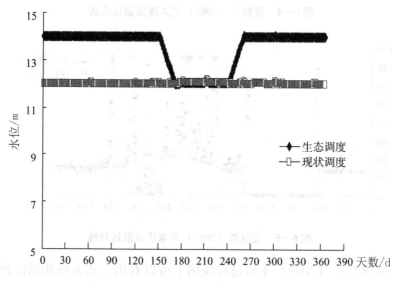

图 6 - 7　现状年（2007）杨洼闸水位过程线

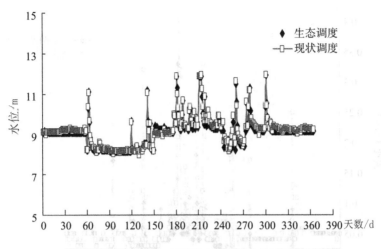

图 6-8　现状年（2007）土门楼水位过程线

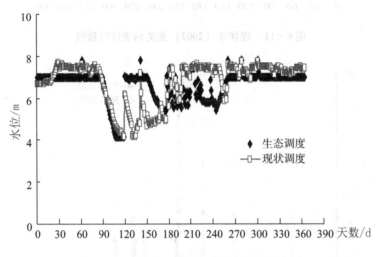

图 6-9　现状年（2007）筐儿港水位过程线

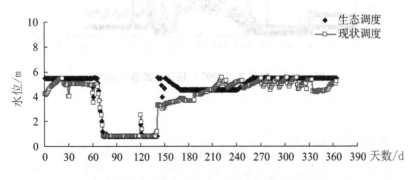

图 6-10　现状年（2007）屈家店水位过程线

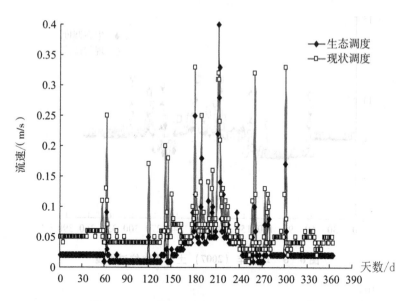

图 6-11 现状年（2007）北关闸流速过程线

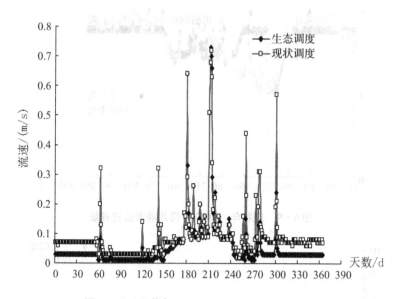

图 6-12 现状年（2007）杨洼闸流速过程线

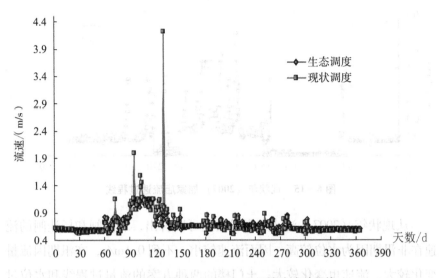

图 6－13　现状年（2007）土门楼流速过程线

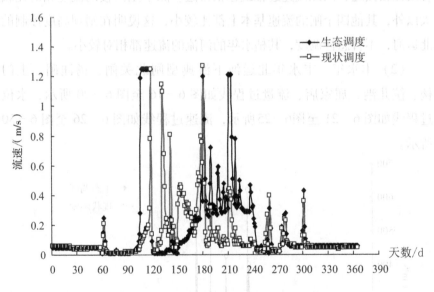

图 6－14　现状年（2007）筐儿港流速过程线

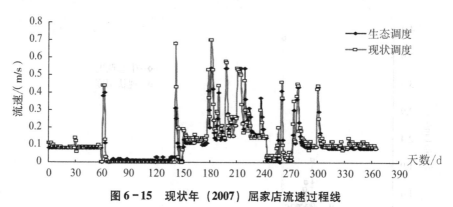

图 6-15　现状年（2007）屈家店流速过程线

从现状年（2007）流速过程线图上可以看出，北关闸和杨洼闸的流速在非汛期因为水位较高，因而流速较小，不到 0.1m/s，在汛期因流量变化较大，流速也变化较大。土门楼的两种方案的流量过程线和水位过程线比较接近，因此流速过程线也很接近。除了土门楼的流速相对比较大以外，其他四个闸的流速基本上都比较小，这说明在闸坝高度控制的北运河，不管怎样调度，其枯水年的河流的流速都相对较小。

（2）丰水年。丰水年北运河下游典型闸北关闸、杨洼闸、土门楼、筐儿港、屈家店、流量过程线如图 6-16 至图 6-20 所示，水位过程线如图 6-21 至图 6-25 所示，流速过程线如图 6-26 至图 6-30 所示。

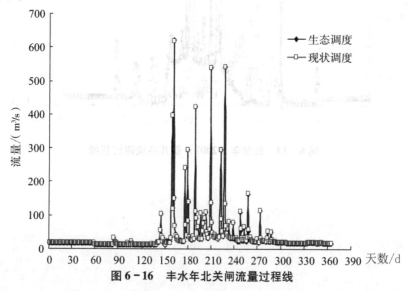

图 6-16　丰水年北关闸流量过程线

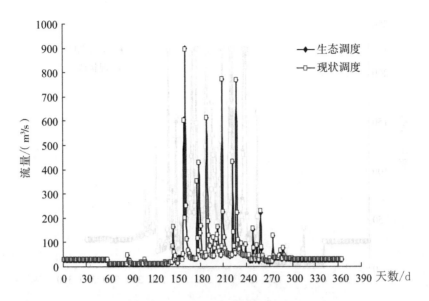

图 6-17　丰水年杨洼闸流量过程线

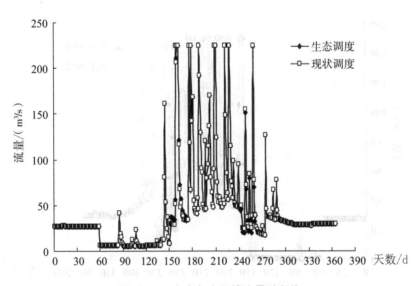

图 6-18　丰水年土门楼流量过程线

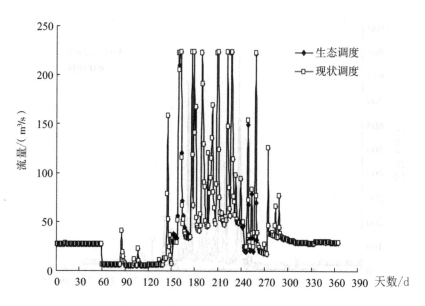

图 6-19　丰水年筐儿港流量过程线

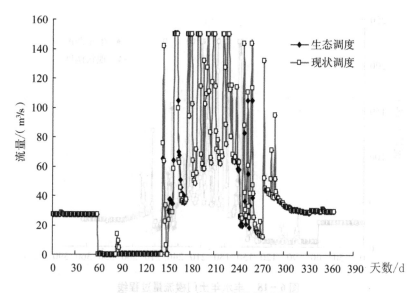

图 6-20　丰水年屈家店流量过程线

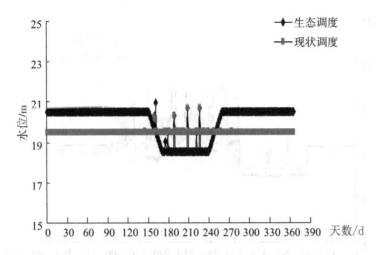

图 6 - 21　丰水年北关闸水位过程线

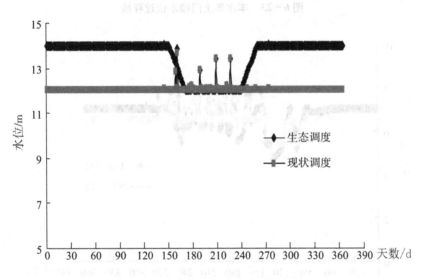

图 6 - 22　丰水年杨洼闸水位过程线

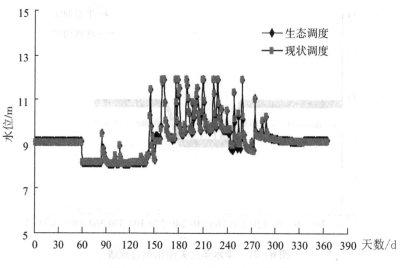

图 6-23　丰水年土门楼水位过程线

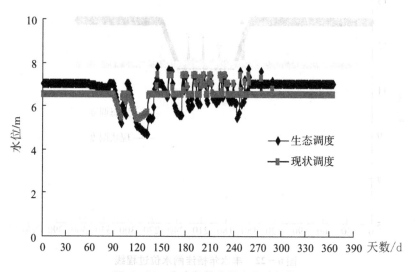

图 6-24　丰水年筐儿港水位过程线

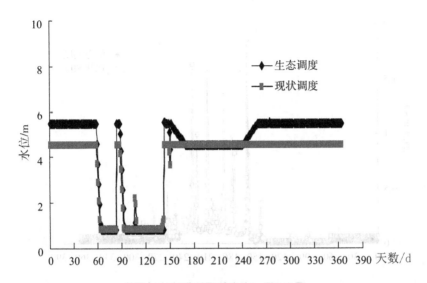

图6-25　丰水年屈家店水位过程线

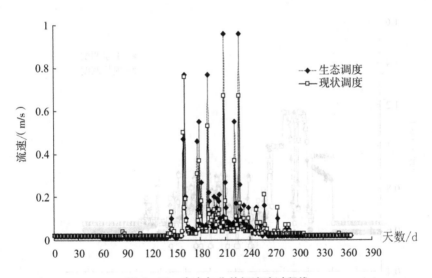

图6-26　丰水年北关闸流速过程线

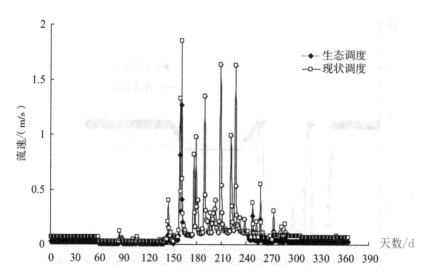

图 6 - 27　丰水年杨洼闸流速过程线

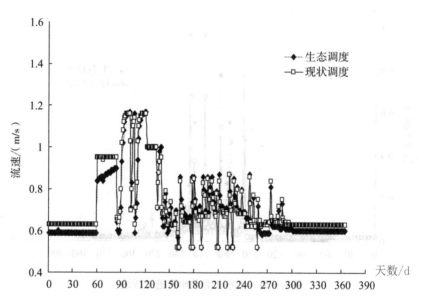

图 6 - 28　丰水年土门楼流速过程线

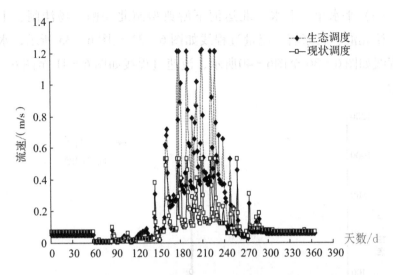

图6-29　丰水年筐儿港流速过程线

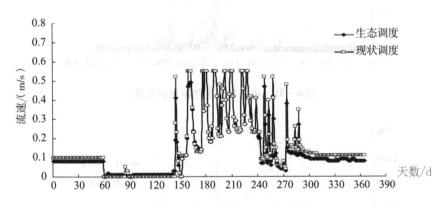

图6-30　丰水年屈家店流速过程线

由以上分析图可以看出，丰水年，生态调度与现状调度相比，6月的流量要大于现状调度，而9月的流量则小于现状调度的流量，其他月份两者流量基本相同，变化很小；北关闸和杨洼闸除了汛期以外，两种调度的水位基本无变化，土门楼的两种水位还是比较接近，筐儿港在4~9月生态调度水位和现状调度变化较多，屈家店在3~9月生态调度水位和现状调度变化较多。其他月份基本无变化，生态调度水位高于现状调度水位；除了土门楼流速比较大以外，其他闸流速基本上是比较小的。

（3）平水年。平水年北运河下游典型闸北关闸、杨洼闸、土门楼、筐儿港、屈家店、流量过程线如图 6-31 至图 6-35 所示，水位过程线如图 6-36 至图6-40所示，流速过程线如图 6-41 至图 6-45所示。

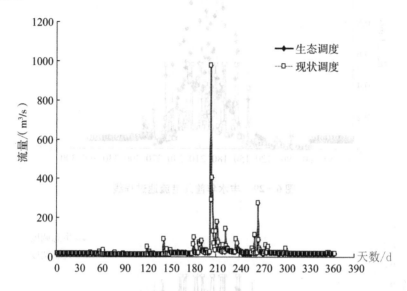

图 6-31　平水年北关闸流量过程线

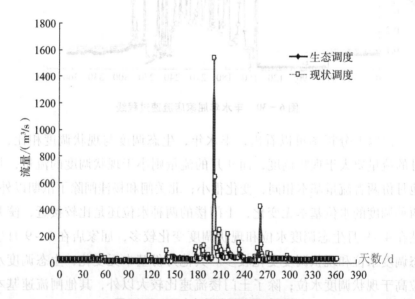

图 6-32　平水年杨洼闸流量过程线

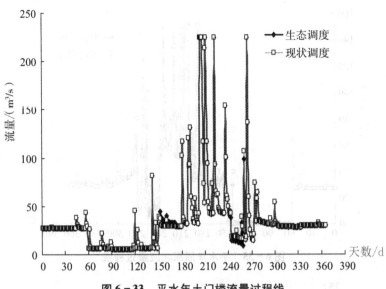

图 6 – 33　平水年土门楼流量过程线

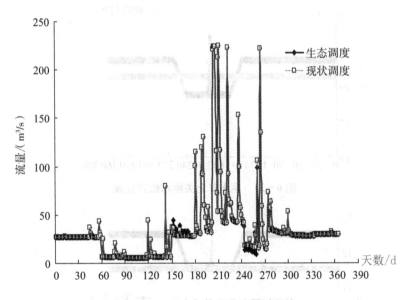

图 6 – 34　平水年筐儿港流量过程线

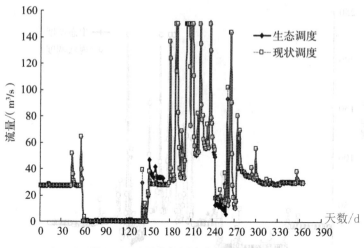

图 6-35　平水年屈家店流量过程线

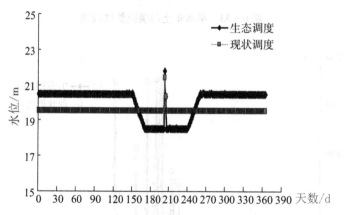

图 6-36　平水年北关闸水位过程线

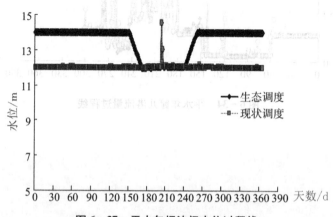

图 6-37　平水年杨洼闸水位过程线

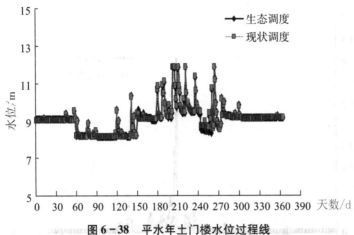

图6-38　平水年土门楼水位过程线

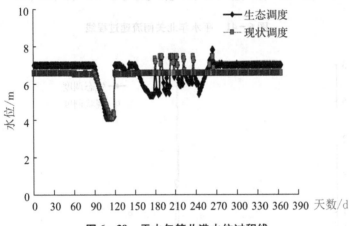

图6-39　平水年筐儿港水位过程线

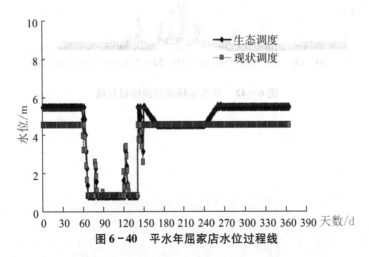

图6-40　平水年屈家店水位过程线

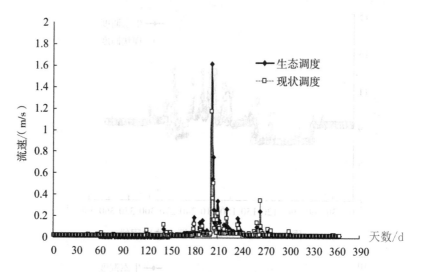

图 6-41　平水年北关闸流速过程线

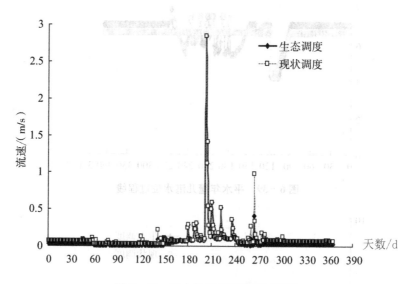

图 6-42　平水年杨洼闸流速过程线

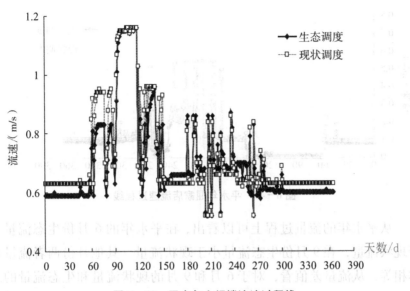

图 6-43　平水年土门楼流速过程线

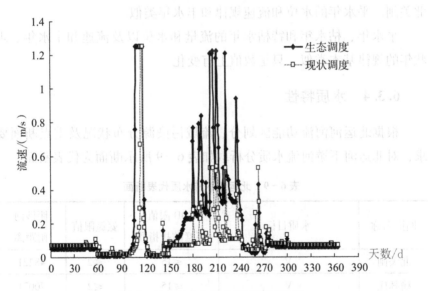

图 6-44　平水年筐儿港流速过程线

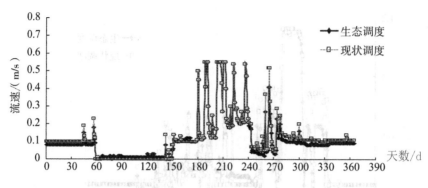

图 6-45 平水年屈家店流速过程线

从平水年的流量过程上可以看出，在平水年的 6 月份生态流量大于现状流量，在 9 月份生态流量小于现状流量，其他月份两者流量基本相等；从流量差值看，对于 6 月和 9 月的现状流量和生态流量的差值，屈家店最大，其次为土门楼，闸门位置依次向上，差值最小的为北关闸。平水年的水位和流速规律和丰水年类似。

平水年、枯水年和特枯水年的流量和水位以及流速和丰水年、现状年的规律基本类似，只是数值上有变化。

6.3.4 水质特性

根据北运河河流功能区划分、流域污染源分布状况及重点断面要求，对北运河下游河流水质分析取如表 6-9 所示断面为代表断面。

表 6-9　北运河下游水质代表断面

断面名称	水质目标	COD 限值 （高锰酸盐指数）	氨氮限值	距沙河闸距离
北关闸	V	≤15	≤2	48221
榆林庄	V	≤15	≤2	70071
杨洼闸				85481
土门楼	IV	≤10	≤1.5	101966
筐儿港闸上	IV（远期） V（近期）	≤10 ≤15	≤1.5 ≤2	133266

续表

断面名称	水质目标	COD 限值 （高锰酸盐指数）	氨氮限值	距沙河 闸距离
老米店	Ⅳ（远期）	≤10	≤1.5	143866
	Ⅴ（近期）	≤15	≤2	
屈家店	日常Ⅴ；饮用水输水期间	≤15	≤2	156966
	Ⅲ（近期），Ⅲ（远期）	≤6	≤1	

（1）现状年（2007 年）。对现状（2007 年）北运河下游不同工况下进行河流水质分析，其典型断面汛期和非汛期 COD 沿程变化如图 6-46 所示。氨氮沿程变化如图 6-47 所示。

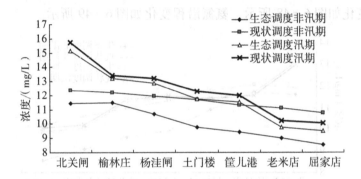

图 6-46　现状年（2007）各典型断面汛期、非汛期 COD 浓度值

从 COD 图上可以看出生态调度与现状调相比，在汛期和非汛期都使水体 COD 浓度降低，使水质改善，汛期各断面的 COD 浓度比非汛期要高，同时各断面 COD 浓度在汛期和非汛期、生态调度和现状调度下都沿程降低，北关闸浓度最高，屈家店浓度最低。北关闸、土门楼、筐儿港、老米店、屈家店在生态调度非汛期都基本上达到了水质目标，而在生态调度的非汛期和现状调度的汛期和非汛期只有榆林庄、老米店和屈家店达到了调度目标或近期调度目标，其他都未达到水质 COD 浓度调度目标。

从 NH₃ 图上可以看出，在汛期和非汛期，不管是哪种调度方案，NH₃ 浓度都是榆林庄浓度最大，然后沿程各断面依次降低。现状调度汛期 NH₃ 浓度大于非汛期浓度，生态调度 NH₃ 浓度低于现状调度浓度，

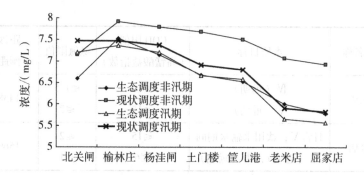

图 6-47　现状年（2007）各典型断面汛期、非汛期 NH₃ 浓度值

但都离目标浓度相差太远。

（2）丰水年。丰水年北运河下游汛期和非汛期河流典型断面 COD 沿程变化如图 6-48 所示，氨氮沿程变化如图 6-49 所示。

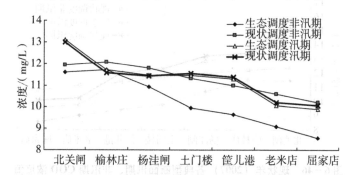

图 6-48　丰水年各典型断面汛期、非汛期 COD 浓度值

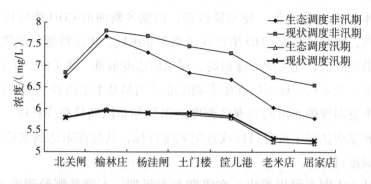

图 6-49　丰水年各典型断面汛期、非汛期 NH₃ 浓度值

从上述分析图上可以看出，丰水年通过调度，北关闸、榆林庄

COD 满足 V 类水，符合水质目标要求，筐儿港符合近期目标，老米店在非汛期 COD 符合水质远期目标，其他符合近期目标，屈家店 COD 符合近期目标，但氨氮在各种工况下均为劣 V 类水，离目标相差甚远。

（3）平水年。平水年北运河下游汛期和非汛期典型断面 COD 沿程变化如图 6-50 所示，氨氮沿程变化如图 6-51 所示。

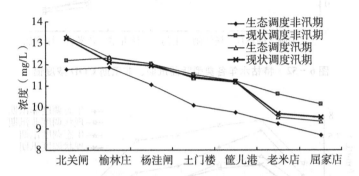

图 6-50　平水年各典型断面非汛期、汛期 COD 浓度值

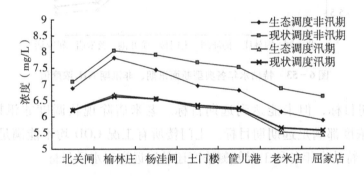

图 6-51　平水年各典型断面汛期、非汛期 NH₃ 浓度值

从上述分析图上可以看出，平水年北关闸、榆林庄 COD 满足水功能目标，筐儿港、老米店 COD 浓度满足水质近期目标，生态调度非汛期为 IV 类水，满足水质远期目标，而各断面氨氮远远超过水质目标。

（4）特枯水年。

特枯水年北运河下游典型断面汛期和非汛期 COD 沿程变化分别如图 6-52 所示，氨氮沿程变化分别如图 6-53 所示。

从上述分析图可以看出，特枯水年北关闸、榆林庄 COD 均满足水质目标，屈家店 COD 为 IV 类水。筐儿港断面生态调度非汛期 COD 满

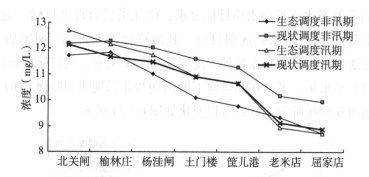

图 6-52 特枯水年各典型断面汛期、非汛期 COD 浓度值

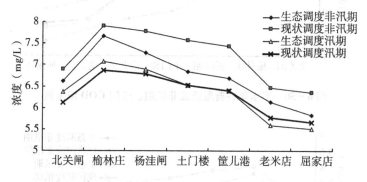

图 6-53 特枯水年各典型断面汛期、非汛期 NH₃浓度值

足近期目标，但未能达到远期目标。老米店除现状调度非汛期外，COD 浓度都满足远期期目标。土门楼所有工况 COD 均不能满足水质目标。特枯水年各种工况氨氮浓度还是远远高于水质目标。

6.4 本章小结

本章通过建立北运河流域水量水质联合调度技术平台，分析了 10 种工况（5 种频率年、2 种调度）情景下北运河下游水动力学特性和水质特性。发现在下游典型闸断面，现状年和各频率年的水动力学特性类似，生态调度和现状调度流量差别不大，但因为各方案设计控制水位不同，除了土门楼以外，水位变化相对比较明显。流速不管怎么改变，除土门楼外，数值还是非常小，说明在闸坝高度控制的北运河上，闸坝调度对流速的改变是微乎其微的；生态调度以后，水质浓度有所改善，北关闸、榆林庄、筐儿港、老米店 COD 大部分时候达到水质目标（或近期水质目标），但土门楼断面 COD 浓度从未达到水质目标，氨氮更是离水质目标相差还很远。因此想要彻底改善水质，使水质达到水功能区水质目标，满足河流生态需水的需要，仅仅通过生态调度还远远达不到要求，还应采取控制污染物入河等其他手段相结合的方法。

第7章　北运河闸坝运行管理模式研究

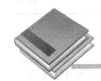 # 第7章 北运河闸坝运行管理模式研究

7.1 北运河现行闸坝运行管理模式

近年来，为有效改善北运河水系情况，政府管理部门已经采取多种措施来加强其管理，并取得了一定成效，但是由于现有的北运河水系管理体制、机制和制度的历史局限性，使得许多涉及水系管理方面的活动难以操作和实施。

北运河属于市管河道，河道管理单位为北京市水务局直属的北运河管理处。但目前北运河河道实际管理体制为市、区两级共管。北运河的水利工程除几个大中型水闸由北运河管理处管辖外，沿河许多河段与拦河控制建筑物隶属于当地水务部门管理，如沙河闸、尚信橡胶坝、马坊橡胶坝和土沟橡胶坝由昌平区防汛抗旱分指挥部办公室负责调度；兴各庄、于辛庄和潞湾橡胶坝由通州区防汛抗旱分指挥部办公室负责调度。而且在具体管理过程中，虽有一些流域利益相关方参与，但是缺少涉水的非政府组织参与，缺少鼓励各种涉水组织和公众参与流域管理的有效机制。这样的管理体制存在条块分割、相互制约、权属不清、体制不顺、利益分配不均的问题，不利于对水资源进行集约控制和合理调配。同时，日常管理中主要依靠自上而下的行政命令来解决涉水问题的跨地区、跨部门协调工作，而且在各管理部门之间也缺乏信息的及时交流及工作的有效协调，上下级与平级部门之间的冲突问题实际上很难解决，更为实施统一的闸坝调度带来众多阻力。闸坝所属管辖见表7-1。

表7-1 北运河干流主要闸坝所属管辖

工程名称	底板高程/m	控制水位/m	蓄水量/万 m³	备注
尚信橡胶坝	29.00	31.00	47	昌平区管

工程名称	底板高程/m	控制水位/m	蓄水量/万 m³	备注
马坊橡胶坝	27.50	29.50	100	昌平区管
曹碾橡胶坝	26.50	27.50	9	北运河管理处
土沟橡胶坝	25.00	27.00	100	昌平区管
鲁疃闸	24.00	26.50	90	北运河管理处
辛堡闸	22.27	24.30	78	北运河管理处
苇沟闸	18.19	20.20	68	北运河管理处
北关拦河闸	17.00	18.50	235	北运河管理处
北关分洪闸	17.00	18.50	235	北运河管理处
潞湾橡胶闸	14.00	18.00	360	通州区管
白各庄湖（湿地）			300	昌平区管
合计			1387	

此外，北运河现代化测报信息技术体系还很不完善，水资源管理预测预报体系尚未建立，影响科学决策。多年来建设的水文测报系统大多是以水库为基本单元的单个系统，技术设备落后、标准不统一、信息传播时间长，对上游雨情、水情的预测、预报结果不能及时传到决策机关，影响防洪及水资源调度的决策。

为使闸坝生态调度目标得以实现，本节将企业管理中的绿色供应链管理模式应用到北运河闸坝运行管理调度中，分析其适应性及可行性，给出闸坝生态调度绿色供应链管理结构及管理建议。

7.2 绿色供应链管理

7.2.1 供应链

供应链一词直接译自英文的 Supply Chain，它的概念是从扩大的生产概念发展而来，最先由 20 世纪 80 年代末的咨询公司管理顾问提出，到 90 年代被广泛使用。供应链是一个系统，是人类生产和整个经济活动的客观存在。我国国家标准物流术语对其定义为"生产及流通过程中，涉及将产品或服务提供给最终客户的上游和下游组织所形成的网络结构。"马士华将其定义为：围绕核心企业，通过对资金流、信息流、物流的有效控制，从采购原材料开始，到制成中间产品以及最终产品，最后由销售网络把产品送到消费者手中的将供应商、制造商、分销商、零售商、最终用户连成整体的功能网链结构模式[154]。

供应链是由一个所有加盟节点企业组成的网络结构，其中包括一个核心企业及围绕核心企业的所有供应商和所有用户。各节点企业在需求信息的驱动下，按照供应链的职能分工与合作，以资金流、物流和服务流为媒介，实现整个供应链的不断增值[155]。

7.2.2　绿色供应链管理内涵

绿色供应链源自于供应链管理和可持续发展的思想，即在原有供应链的基础上融入了"绿色"的概念。进入20世纪90年代，随着人类社会工业化进程的加快，资源短缺以及环境问题的日益突出，人们发现在产业和管理领域，传统的供应链管理模式有些力不从心，在解决经济与环境协调发展问题上，传统的供应链管理只强调内部资源的优化配置，即企业效益的最大化，而没有考虑对环境的影响，相比之下，绿色供应链管理则考虑环境问题，它是对传统供应链管理的发展，是在供应链的各个环节考虑对环境的影响，其哲理基础是资源的最优配置理论，即效率，同时包括可持续发展的思想，即公平[156]。

结合国内外学者对绿色供应链管理的理解和定义[157,158]，这样对绿色供应链管理进行描述，绿色供应链管理是指在可持续发展思想的指导下，在整个供应链系统中综合考虑环境和资源问题，以绿色制造理论和供应链管理技术为基础的现代企业管理模式，其目标是使供应链的每个节点企业或用户从原料采购、产品制造、分销、运输、仓储、消费到回收处理的整个过程中，达到资源、社会、环境三重目标综合效益的最大化。它由生产系统、消费系统、社会系统、环境系统4个子系统组成[159]，相比传统供应链管理系统多了社会系统和环境系统，其概念的具体内涵可由图7-1表示。

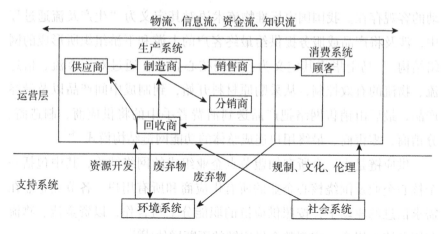

图 7-1　绿色供应链管理概念模型

7.2.3　绿色供应链管理特征

绿色供应链管理的特征，主要体现为以下 5 个方面[157]。

（1）目的性。一般供应链管理的目标是实现供应链内各节点企业主体利润的优化。绿色供应链运营除了这一目标外，还包括各企业主体的活动与环境相容以及社会的可持续发展的目标。

（2）整体性。按照系统的观点，任何系统是由两个或者两个以上要素按照某一方式结合而成的一个有机整体，若缺少任何一个组成要素，系统将失去其整体功能。比如，绿色供应链中的运营层—生产系统，生产系统要实现提供绿色产品的目标，同时还要提高各供应链内企业主体的经济利益，保证活动与环境相融等，这必然要求各企业主体在技术、知识、工艺、信息方面的协调，否则上述目标不可能实现。

（3）层次性。从绿色供应链管理概念模型可以看到，绿色供应链具有层次性。从总体来看，可分为运营层和运营支持层。而运营层可以分为生产系统和消费系统；运营支持层可分为环境系统和社会系统。各个系统又由不同要素组成，逐层隶属，逐层相关联，形成一个递阶型的结构。

（4）开放性。绿色供应链中各个组成要素都是交互作用的，同时它们与外界环境也保持着物质、能量、信息交换的联系。生产系统通过制造过程将环境系统的资源转换为产品，同时也在生产过程中产生的废弃物反馈给了环境系统；社会系统通过法律、制度的方式来约束和引导生产系统的行为，同时通过价值观、文化与伦理等方式引导、激励消费者实行绿色消费。这些行为和特征充分体现了绿色供应链管理的开放性特征。

（5）复杂性。绿色供应链要素组成不仅包括供应商、制造商、销售商、顾客等原来的传统成员，同时还包括回收商、政府等新成员，涉及的领域包括生产系统、消费系统、环境系统与社会系统等。组成结构的复杂，显示了其复杂性的特征。

7.2.4　绿色供应链管理基本思想

绿色供应链管理的思想主要体现在以下几个方面[155,157]：

（1）信息管理。知识经济的到来使信息取代劳动和资本，成为劳动生产率的主要因素。绿色供应链管理的主线是信息管理，供应链中各个阶段的企业就是通过这个主线集成起来的。信息管理的基础平台是构建信息平台，实现信息共享，将供求信息及时、准确地传达到供应链上的各个企业，在此基础上进一步实现供应链的管理。

（2）客户管理。在经济全球化的背景下，买方市场占据主导地位，客户主导了企业的生产和经营活动，因此客户是核心，也是市场的主要驱动力。客户的需求、消费偏好、购买习惯及意见等是企业谋求竞争优势必须争取的重要资源。在供应链管理中，供应链源于客户需求，同时也终于客户需求，因此绿色供应链管理是以满足客户需求为核心运作的。

（3）关系管理。传统的企业关系是纯粹的交易关系，企业各方遵循的都是"单项有利"的原则，所考虑的主要是眼前的既得利益，并不考虑其他企业的利益。现代绿色供应链管理理论提供了提高竞争优势、降低交易成本的有效途径。绿色供应链管理通过加强供应链企业之间的合作伙伴关系，协调各成员之间利益，使得各方的利益获得同步增加的同时，尽可能实现供应链系统的整体利益最大化。

（4）目标管理。绿色供应链在管理目标上不仅是资源的优化配置，同时将环境保护融入到供应链的各个环节，这也是绿色供应链管理相比传统供应链管理在管理思想上的主要区别。

（5）库存管理。库存管理是企业管理中一件令人头疼的事情，因为库存量过多或过少都会给企业带来损失。一直以来，企业都在为确定一个适当的库存量而烦恼。传统的方法是通过需求预测来解决这个问题，然而需求预测与实际情况往往不一致，因而直接影响了库存决策的制定。利用先进的通信电子信息技术实时收集供应链上的需求信息，做到在客户需要时再组织生产，以信息取代库存，实现库存的"虚拟化"，是绿色供应链管理的重要思想内容。

（6）风险管理。供应链上各成员之间的合作，会因为信息的不对称、信息的扭曲、市场的不确定性等因素而存在风险。为规避供应链运行的风险，可通过提高信息透明度和共享性、建立监督控制机制、激励机制等手段使供应链成员企业之间的合作更加有效。

7.3　闸坝生态调度管理与绿色供应链管理

7.3.1　适应性分析

绿色供应链管理作为一种高效、公平的现代企业管理模式，目前已被许多企业所采用。进行闸坝生态调度同样需要科学的管理手段，才能实现闸坝生态调度目标。与传统的闸坝调度相比，闸坝生态调度把河流的生态目标提到相应的高度，而绿色供应链管理也是将环境保护融入到原有的供应链管理中。闸坝生态调度管理体系与绿色供应链管理体系有着更多的相似性，具体体现在：

（1）结构组成的相似性。闸坝生态调度管理也是主要由社会系统、环境系统、生产系统、消费系统组成。流域上的闸坝管理部门、污水处理厂、雨洪利用工程构成了链条上的生产系统；农业灌溉需水、人们的生产、生活需水等构成了消费系统；环境系统是河流；社会系统由政府管理部门及社会组织构成。

（2）内涵要素的的相似性。绿色供应链管理主要是完成物流、信息流、资金流、知识流的有效运转。闸坝生态调度管理系统中的物流是指水流，主要研究水量、水质、流速、闸坝、河道等。主要根据流域不同功能分区内河道对水质、水量以及流速的要求，通过闸坝的启闭运行，进行河段之间水资源转移；信息流主要是指对闸坝上游河段可供水量信息、下游河段需水量信息以及由于流域水资源系统气象、水文、生态、人类活动、社会生产等信息的传递；资金流主要包括闸坝运行费用的支出、水价的制定、水费的收取、政府拨款等。合理的水费收取，合理的闸坝运行费用支配，将有利于调度系统的良好运转；知识流主要是合理的水量、水质计算检测、污水处理技术的提升、科学的闸坝调度方案的制订等。

（3）管理目标的一致性。闸坝生态调度的目标就是在防洪安全的前提下，通过闸坝的合理调度，使有限的水资源得到资源的有效配置，同时最大程度上满足流域生态需水的要求，保证流域生态环境不受破坏。这与绿色供应链管理的目标追求有限资源的有效配置和环境保护目标完全一致。

（4）管理思想的一致性。绿色供应链管理基本思想中包含客户管理、信息管理、关系管理、库存管理、风险管理等内容，而在闸坝生态调度中，客户管理是指人们生产、生活、生态用水的需求；信息管理是指闸坝生态调度要求涉及调度的有关水文、气象、需求等信息通过信息管理平台及时、准确地传达到各个闸坝管理部门，以此作为调度的主要依据；关系管理是指闸坝生态调度要求流域上的有关部门要建立良好的协作机制，加强合作，为流域的水资源管理综合效益最大化而努力；库存管理是指闸坝生态调度目标之一就是水资源的优化配置，因此，河段上游的库存蓄水的多少一方面要考虑到防洪的要求，同时也要考虑到下游河流生态的需要和人们生产、生活的需要，库存的水量太多、太少都会造成管理效益的损失；风险管理是指如因某一闸坝管理部门的信息封闭或工作不配合，将导致流域范围内不同程度的风险灾难。

闸坝生态调度是由水利管理部门、各闸坝管理所、河道管理处、各级防汛抗旱指挥部、用水户、污水处理企业、沿河道的排污单位构成的一个多层次、多渠道的供应链，在具体的调度运行过程中，任何一个决策都涉及众多方面的内容。通过以上比较分析可以发现，闸坝生态调度与绿色供应链管理在结构组成、内涵要素、管理目标、管理思想等方面均具有相似之处。因此，在闸坝生态调度的管理运行过程中可以采用绿色供应链管理模式来进行。

7.3.2 优越性分析

闸坝生态调度涉及政治、经济、资源、环境、技术众多方面，同时又受到到水文、气象等众多不确定因素的影响，是一个复杂的管理系统，因此，要使这一复杂系统有效地运转，实现调度目标，必须采用先进的管理模式。

绿色供应链管理是一个基于系统的观点的管理体系，是一个已经被证明了的、高效的现代管理模式。它的核心思想是资源的有效配置和环境保护，其管理的精髓就在于供应链上成员之间的合作。闸坝生态调度就是通过闸坝的合理运行，使有限的水资源能够被有效地配置，同时注重河流的生态环境保护。此外，绿色供应链管理强调没有合作就谈不上供应链管理[155]，这一点正弥补了传统闸坝运行管理过程中，信息不通畅、各方利益难以均衡的弊端。

在以行政隶属关系为支撑的同时，闸坝生态调度绿色供应链管理更强调闸坝管理部门、需水部门、污水处理企业、成员之间的伙伴合作关系，以高度信任的合作伙伴关系为基础，建立绿色供应链信息共享及协调机制，通过信息、数据、技术、管理的有效沟通与合作，实现信息共享，并有效协调政府、企业、用户之间的关系，达到"多赢"和"共赢"的最佳状态。由此可见，运用已经在企业管理中证明是成功、有效的绿色供应链管理模式对闸坝生态调度进行管理，对提高调度效率、改善生态环境、增加经济效益、提高社会效益、促进社会和谐具有重要的意义，并显示出极强的优越性。

7.4 闸坝生态调度绿色供应链管理结构

7.4.1 结构设计原则

根据闸坝生态调度的特点及有关企业绿色供应链结构设计的经验，闸坝生态调度绿色供应链管理结构的设计应遵循以下原则：

（1）自上而下和自下而上相结合的原则。自上而下和自下而上的方法是系统建模设计常用的两种设计方法，前者是系统分解的过程，是从全局的宏观规划到局部实现，后者是从局部的功能实现到全局的功能集成。河流的闸坝生态调度是一个涉及政府、社会、经济、资源、环境的复杂工程，因此闸坝生态调度绿色供应链管理的结构设计单用某一方法是不切实际的，需要掌握全局的政府主导部门和河流各管理单位互相配合，采用自上而下和自下而上相结合的方法来设计。

（2）简洁性原则。为了保证供应链具有灵活、快速响应的能力，简洁性原则是绿色供应链设计的一个重要原则。河流闸坝生态调度系统涉及的闸坝、各级管理部门、用水户、污水处理企业、排污口等单位较多，结构设计时，应尽可能地通过对节点的精简和系统的优化，以便实现供应链的快速响应。

（3）动态性原则。由于市场不确定性因素的存在，导致需求信息的变化。闸坝生态调度过程受水文、气象、社会生产、人类活动等因素影响较大。一方面水文、气象等自然条件的季节性变化，可能导致河流供需水量的变化。另一方面，河道沿途的闸坝、用水户和排污节点等可能会因社会的变迁和经济的发展而发生变化，因此在对绿色供应链进行结构设计时，要考虑这些不确定性，使供应链具有一定的柔性，以适应变化的环境。

（4）协调性原则。绿色供应链管理目标能否实现取决于供应链合作伙伴关系是否和谐。把握协作原则是实现供应链最佳效能的保证之一。要保证闸坝生态调度管理系统的正常运转，实现闸坝调度目标，需要协调政府与社会、企业与用水户、用水户与环境、社会与环境以及河流内部各闸坝之间、河道管理单位之间、用水户之间、河道排水单位之间等的相互关系，做到信息公开，利益均衡，综合效益最大。

7.4.2　北运河闸坝生态调度绿色供应链结构框架

根据7.3.1节的绿色供应链管理在闸坝生态调度中应用适应性分析可以构建闸坝生态调度绿色供应链管理概念模型，如图7-2所示。同时根据北运河流域水系分布以及沿河闸坝建设、闸坝区间河段的具体情况，构造北运河闸坝生态调度绿色供应链系统结构，如图7-3所示。

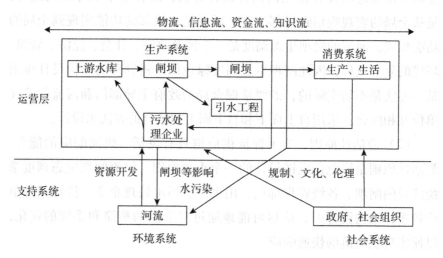

图7-2　闸坝生态调度绿色供应链管理概念模型

从两图中可以看出，河流、闸坝、用户、政府之间在运行上相互关联。山川径流为上游水库提供水源，上游水库和闸坝根据下游生产、生活及河流生态需水情况输送一定的水量，上游是下游的供应商。闸坝区间河段又为岸边的农田灌溉、工业用水、生活用水、生态用水及其他工程引水等水资源消费系统提供水源，成为他们的水源制造商、销售商和分销商，同时又接受区间自然径流、农田退水、城市排污水和污水处理厂（回收商）等的回水，水源都来于环境系统，经消费后又返回到环境系统，如此反复。按照绿色供应链管理的目标就是要

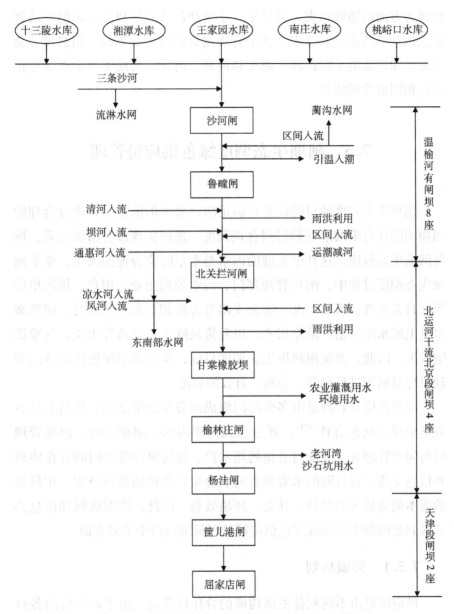

图 7 - 3　北运河闸坝生态调度绿色供应链结构简图

让有限的水资源得到资源的最大化利用，同时管理过程中的每一个环
节都要注重环境保护。闸坝上游在要在条件允许的情况下向下游供应
满足下游河流生态需水的水量；水资源的消费系统要尽可能地降低对
水资源利用和污染；政府管理部门以及社会组织要通过法律、文化、

伦理等方面的措施约束、引导生产系统和消费系统树立正确的环境保护意识和节约水资源意识。整个管理运行的过程是物流、信息流、资金流、知识流的不断运转、调配和提升。由此，构成了与企业绿色供应链相同的管理体系。

7.5　闸坝生态调度绿色供应链管理

闸坝生态调度的目的就是在满足防洪要求的前提下，通过合理的闸坝调度让有限的水资源得到合理调配，进而实现改善河流水质，恢复河流生态健康。这其中关键的因素是水量时空分配的决策。整个闸坝生态调度过程中，闸坝管理部门、污水处理企业、用户、排污单位等在日常管理、人员调配、资金支出等方面相对独立。同时，河道来水受上游水库调蓄、沿途用水，以及流域降雨、径流等水文、气象影响较大。因此，要实现闸坝生态调度目标，需要利用绿色供应链的管理思想对闸坝进行科学、合理、有效的调度。

绿色供应链管理是由多个部门组成的分布决策结构，其核心是各成员单位之间的合作[155]，通过加强闸坝内部、闸坝之间、闸坝管理所与河道管理处，以及与沿途的用水户、排污单位等之间的合作协调和信息交流，将有限的水资源合时、合量、合地地进行分配，用最低的成本创造最大的经济、社会、环境效益。因此，协调机制和信息共享机制是闸坝生态调度绿色供应链管理研究的两个主要方面。

7.5.1　协调机制

供应链是由不同利益主体构成的合作性系统，由于供应链内各行为主体的自利性行为，会使得成员的活动与决策往往与供应链的总体利益相冲突，因此需要通过协调机制来协调供应链成员单位的行为，使其利益分配合理，共同分担风险，提高信息透明度、减少库存，降低总成本，实现系统利益最大化。供应链协调机制是通过某种方法和调控，使供应链成员之间建立高度信任的合作伙伴关系[159]，使物流、资金流、信息流、知识流等要素实现高度的协同，以减少由于顾客需求的不确定性对整个绿色供应链的影响，实现供应链成员的利益最大化和整体利益的最大化。

供应链协调有企业内部协调、企业间协调两个层次。绿色供应链还包括供应链与外部协调，指的是绿色供应链的社会系统、环境系统与生产系统、消费系统的协调。

河流闸坝生态调度绿色供应链管理系统是为了实现水资源的优化配置和河流生态健康由政府、闸坝、环境、用户等共同组成的链式管理系统，这里所指协调主要是针对闸坝管理单位内部的协调、闸坝管理单位之间的协调以及政府或社会组织、闸坝管理部门、用水户、河流之间的外部协调。

（1）闸坝内部协调。闸坝内部协调是指闸坝管理所内部组织形式的选择、业务流程的制定、部门之间的有效沟通，以及管理人员的责任意识、环保意识增强等。闸坝内部协调机制可以利用信息技术通过建立资源规划系统来实现，如图7-4所示。

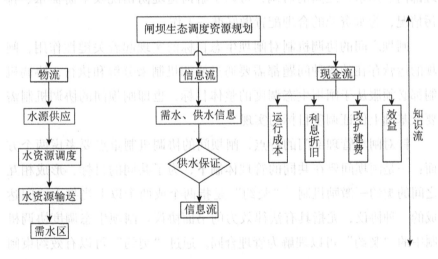

图7-4　闸坝生态调度资源规划系统

在一个闸坝管理单位，机构设置合理、业务流程规范、职责分工明确，部门之间、工作人员之间关系协调、融洽是确保整个闸坝调度目标顺利实现的重要保证。对照绿色供应链管理要素，在一个闸坝管理单位，资源规划部门负责信息流，包括对所负责的水功能区供用水信息、水质情况等信息的收集和加工，并及时向上级管理部门汇报；物流中的水资源供应、调度、输送由相关的水资源管理、调度部门和河道（引水渠）管理部门负责；闸坝运行管理过程中的人员工资收益、闸坝工程设备折旧、闸坝运行成本、闸坝投资利息、水费收缴等现金流的管理由财务部门负责。此外，在这个系统中，知识流是决定性的因素，涵盖在每一个过程，特别是在对供、需信息的确认上，准确的供水、需水信息是闸坝生态调度顺利实现的根本前提。

（2）闸坝间协调。闸坝间协调包括河道上游闸坝与下游闸坝之间的协调、河道各闸坝与河道管理部门之间的协调，以及河道各闸坝与用水户之间的协调。河道上的各闸坝之间根据河流功能规划及河流生态恢复目标，在上级管理部门的统一指挥和部署下，通过进行契约设计，订立协调办法，结成伙伴合作关系，实现闸坝间的"无缝连接"，避免了调度信息的波动扭曲，有利于快速响应的形成；通过与河道管理部门、用水户之间的协调，可以了解河道堤防情况及下游需水、排污情况，为水资源的合理配置做好准备工作。

闸坝之间的协调机制对闸坝生态目标的实现起着关键性作用，闸坝的运营存在的各种问题都需要通过协调机制来分解和执行，协调机制都必须服从于闸坝生态调度的整体目标，也即闸坝间的协调机制需要从基础上保证调度目标的实现。

针对闸坝管理部门的特点，闸坝间的协调机制重点要考虑两个方面：一是闸坝间要在共同的管理体制下，为了共同的目标，形成相互之间的契约—激励机制。"契约"是指两个或两个以上当事人之间达成的一种协议，尤指具有法律效力的书面协议。闸坝生态调度协调机制中的"契约"可以理解为管理合同。通过"契约"可以有效约束闸坝管理主体按时、按量进行蓄水和泄流。同时通过"激励"机制可以影响其他闸坝管理主体积极主动提高管理水平和管理效率。二是在合作关系下建立信任机制，以弥补仅依靠"契约"可能造成的不利局面和未知风险。信任是合作和协调的基础，信任是闸坝之间关系的"润滑剂"。信任能促进闸坝之间的合作，提高闸坝之间管理的柔性，提高在不可预测的事件发生时双方的责任感，努力谋求闸坝双方的共同利益。同时信任也可以减少闸坝之间的运行成本，提高快速反应能力。闸坝成员之间在信任、契约和激励机制基础上建立起的伙伴合作关系，同时也是闸坝间一种协议关系。通过这个关系的建立，在一定时期内闸坝成员应共担运行风险、共同收获利益。

（3）供应链外部协调。供应链外部协调是指政府或社会组织与闸坝管理部门、河道管理部门、污水处理企业之间的协调和政府或社会组织与农业用户、城市居民、生产企业之间的协调。政府根据人们的生产、生活对水资源及环境的需求，及各闸坝、河道管理部门提供的水资源及河流状态的客观数据，组织专家和部门制定河流的区域功能规划和河流生态保障方案，并将信息以行政的方式要求闸坝管理部门和河道管理部门执行。同时政府还根据闸坝管理部门、河道管理部门等对水资源和河流的客观现状分析，通过行政、法规以及文化、伦理的方式引导广大人们增强节约用水和环保意识，尽量减轻对河流水资源的依赖、污染，进而破坏河流生态。此外，居民、生产企业、农业用水户也要及时与闸坝、河道管理部门沟通，了解水资源和河流状况，自觉遵守有关用水、排污规定，尽量减少对河流生态的破坏。

7.5.2　信息共享机制

信息对供应链的运营至关重要，因为它提供了供应链管理者进行决策的事实依据。供应链中的信息系统包括信息的采集、信息的运输、信息的管理、决策支持、远程监控5个部分。对应供应链中的不同阶段，供应链信息包括需求信息、配送和零售信息、生产信息、供应源信息等。建立供应链信息共享机制就是指利用先进信息技术，使供应链上的成员企业对最初的客户需求信息的采集，到原材料的供应及产品的生产状况，再到产品的运输配送、销售状况及最终的消费者对产品满意度等所有信息都应有所掌握，共享信息系统的资源。建立信息共享机制有助于增加供应链的信息透明程度，使供应链中各节点企业通过共同努力达到彼此协同，为整条供应链带来更多可供分享的利益，提升供应链的整体竞争力[160]。

闸坝生态调度绿色供应链管理系统信息共享就是要求社会系统中的政府、社会组织，环境系统的河流，消费系统的城镇居民、生产企业、农业用水户，生产系统的闸坝管理部门、河道管理部门、污水处理企业共同拥有一些信息，这些信息包括来水量、供水量、需水量、水文、气象、水质、水情、旱情、墒情、河道状况、闸坝状态、河流生态状况、河流污染情况、生产、生活情况等（图7-5）。如果信息不能够在闸坝生态调度绿色供应链管理系统中及时、有效地流转和共享，则将严重影响系统功能的发挥和调度目标的实现。

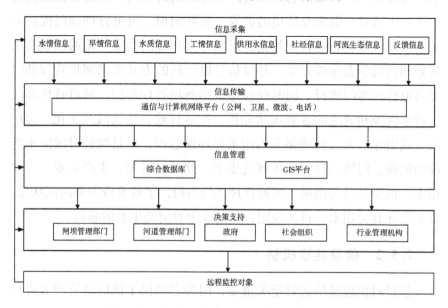

图7-5 闸坝生态调度绿色供应链管理信息流程图

在闸坝生态调度绿色供应链中信息共享一方面需要政府部门的整合及闸坝管理部门、用水户的间的协调，同时也需要现代技术手段建立信息交流平台和匹配的信息系统才能得以有效实现。具体来讲就是建立闸坝管理部门、河道管理部门、政府共同的来水信息交流平台，通过超短波、微波、卫星、程控电话网、广域网等通信网络电子系统，让供水方及时了解需水要求，并根据对现有可供水量和水质的分析，按照调度要求及时供水，满足下游需水要求。同时，需水方也可通过信息交流平台，了解供水方的供水能力、供水质量等，请求合理的水资源调度要求。一个有效的信息交流平台为供水方、需水方以及政府部门对水资源的调度决策提供了充足的信息保障，使整个供应链系统做到快速响应，实现调度部门对信息有效集成，为其调度决策提供参考。

良好的协调机制，快捷、有效的信息共享机制，为闸坝生态调度目标的实现提供了有力的机制保障。

7.6　本章小结

在总结了北运河下游闸坝管理体制存在的问题基础上，通过对绿色供应链的基本概念、特征、基本思想的介绍、阐述，并与闸坝生态调度管理系统的对比发现，绿色供应链管理体系与闸坝生态调度管理系统在结构组成、内涵要素、管理目标、管理思想等方面均具有相似之处。在闸坝生态调度中，应用绿色供应链的这一先进的管理理念进行闸坝调度，将有利于河流水资源的有效利用和河流生态环境的保护，实现闸坝生态调度目标。构建了闸坝生态调度绿色供应链管理模型，设计了北运河闸坝生态调度绿色供应链系统管理结构图。对闸坝生态调度绿色供应链管理进行了阐述，认为要实现闸坝生态调度目标，必须建立协调机制和信息共享机制。良好的协调机制是实现信息共享的重要保证，是实现闸坝生态调度利益最大化的有效手段；信息共享是良好协调机制形成的重要基础，是决策者及时正确作出河流水资源调控调度的决策依据。

第 8 章　闸坝生态调度综合效益评价

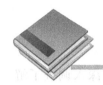 # 第8章 闸坝生态调度综合效益评价

闸坝生态调度的目标是通过改变现有的闸坝调度方式，对河流生态进行补偿和修复。但是，在闸坝生态调度过程中，为满足下游河流生态需水的要求，有时会损失如发电、灌溉、工业生产等一些利益。因此有必要对闸坝生态调度进行综合效益评价。本节将利用多层次模糊综合评价的方法对北运河闸坝生态调度进行综合效益评价。

8.1 评价指标的选择及指标体系的建立

8.1.1 评价指标选择

评价指标是进行综合评价工作的依据和基础，其选择的科学与否，直接关系到评价结果的正确性和客观性。闸坝生态调度综合效益评价指标体系应能够全面反映影响闸坝生态调度因素的现在状况，反映生态环境、社会效益、资源、工程技术、经济各系统之间的协调程度及其动态发展趋势。因此评价指标的选择应遵循以下原则：

（1）系统性原则。指标的设置要全面完整地反映出闸坝生态调度的各个主要影响因素和调度产生的效果。

（2）简洁性原则。指标的描述要简洁准确、明确具体，避免指标之间内容的相互交叉和重复，同时，在不影响指标系统性的原则下，尽量减少指标数量。

（3）通用性原则。指标的选取要尽量满足能够反映各闸坝生态调度方案的要求，避免选取某些仅对某一方案适用的特殊指标。

（4）可比性原则。同一指标对所有的评价对象应具有相同的标准尺度，便于评价对象间相互比较和分析。因此，对评价指标应尽可能进行量化，而对于一些难以定量的重要指标，应采用定性的指标对其

进行描述。

8.1.2 评价指标体系建立

闸坝生态调度效果综合评价指标体系的建立，需要深入调查了解闸坝调度运行管理各阶段的特点和经验做法，分析闸坝生态调度实施和现状运行的各种主客观影响因素，借鉴已有的研究成果，广泛征求相关专家、人员的意见和建议，在此基础上，经过多次反复修改、补充与完善。

按照指标特征，综合评价指标体系中具体指标因子可分为定量指标和定性指标两类。定量指标是可以直接量化的指标；定性指标只有通过统计分析、经验判断和其他数学方法才能量化确定。

在闸坝生态调度综合效益评价指标体系的建立过程中，为了明确各指标在系统中的作用，按照指标属性的不同，将其归纳为5类：生态环境类指标、社会效益类指标、资源类指标、工程技术类指标、经济类指标。具体见图8-1。

（1）生态环境因素。生态环境因素是指闸坝生态调度的运行过程中对自然与生态环境的影响，作为指标体系中的最重要指标之一，生态环境因素主要由不达标污水排放量以及保持河道流量的最小流量即生态基流，对河道水质没有明显的影响前提条件下河道中允许的最大纳污量，河道泥沙含量及河道水质、水温条件的影响，河道中的生物群种即动植物种类及密度构成。

（2）社会效益因素。社会效益因素是指闸坝生态调度在具体方案的运行阶段，可能受到有关部门、社会组织以及相关政策的影响等，同时，闸坝生态调度反过来又对社会产生影响。社会因素主要包括以下指标：在遇到灾害时河道综合调节功能程度，对城市发展的促进作用，对市民生活水平影响程度作用以及相关政策和社会的认可程度等方面。

（3）资源因素。资源因素主要反映闸坝生态调度在利用资源方面的合理、高效性，以及节约资源的程度。资源因素主要包括水资源利用效率，对河道水功能分区作用的影响，占地情况及使用劳力情况。

（4）工程技术因素。工程技术因素主要是从技术角度反映方案在运行、管理过程中的难易程度，以及保证工程质量和河道水质健康的程度。该子目标由下列指标组成：调度运行及管理的协调性水平，工程技术的可推广性与先进性，闸坝及附属设施的完善可利用程度方面等。

（5）经济效益因素。经济效益因素是影响调度方案选择以及闸坝工程建设的重要因素之一。影响经济因素的指标主要有：效益的综合性及综合效益的进一步提高，对相关区域经济发展的促进作用，以及运行管理产生的相关费用等方面。

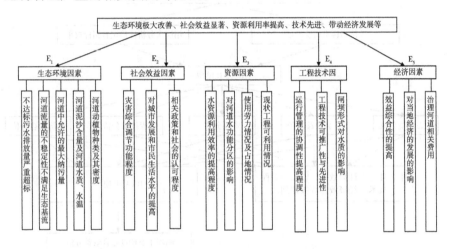

图 8-1　闸坝生态调度综合效益评价指标体系结构图

8.2　闸坝生态调度综合效益评价模型

8.2.1　多层次模糊综合评价原理及模型

闸坝生态调度是个复杂系统，涉及生态环境、社会、资源、经济、工程技术等多个效益目标因素，因此为综合全面评价闸坝生态调度的综合效益，此处采用多层次模糊综合评价模型对其进行合理评价。该模型原理，是将传统层次分析法与模糊数学评价理论相结合[161]，按某一属性把所要评判的同一事物的多种因素分成若干层次，而后利用模糊数学评价方法对每一层次的因素进行评判，以此为基础，对由初层次综合评判所得结果再进行更高一层次的评判，以此层层计算下去，得到最终的综合评价值。

按上述评价思路，建立闸坝生态调度综合效益多级模糊层次评价模型如图8-2所示。

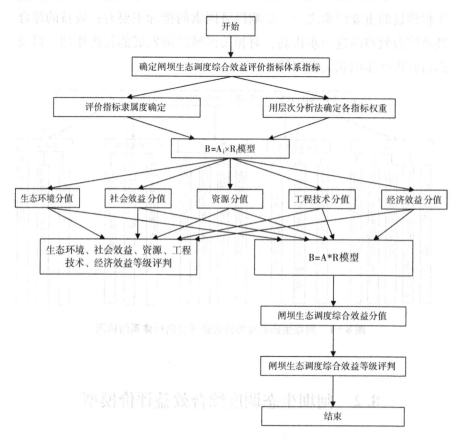

图8-2　闸坝生态调度综合效益多层次模糊评价流程图

多目标、多层次的综合评判系统将一个复查目标系统属性横向归类，按递阶要求纵向分层从而使系统内诸因素间及诸因素与总目标间的相互关系清晰明了[162]，再采用恰当的方法确定出各因素的权重组，就可以对复杂系统进行全面的科学的评判。采用多层次模糊综合评价方法，既反映了各评价因素间的客观存在的层次关系，又克服了因评价因素过多而对其权重的分配难以确定的缺点，是解决多因素综合评判权重不好分配的一个好方法。

8.2.2　评价指标权重的确定

在闸坝生态调度综合效益评价中，运用了层次分析法来计算确定评价指标权重。

层次分析法（Analytic Hierarchy Process AHP）是美国运筹学家 T. L. Saaty 等人于 20 世纪 70 年代提出的一种定性与定量分析相结合的多目标决策分析方法。它将评价者对复杂系统的评价思维过程数字化，具有较强的逻辑性、实用性和系统性。其基本程序是：根据问题的总目标，以系统的观点，把问题分解成若干因素（或元素），并按其支配关系构成递阶层次结构模型，然后应用两两比较的方法，确定评价指标相对于上一层次要素之间的相对重要性，得到比较判断矩阵，计算判断矩阵对应特征方程的最大特征值及特征向量，进行层次单排序并进行一致性检验，依次进行下去后，利用同一层次中所有层次单排序结果，计算针对最高层次而言本层次所有元素重要性的权值，即层次总排序及一致性检验，最后确定各评价指标相对于总目标的权重。具体计算过程可参见参考文献 [161]。

8.2.3　评价指标隶属度的确定

鉴于闸坝生态调度综合效益评价具有模糊性难以精确计量的特点，本书在对多层次模糊综合评价过程中，采用模糊技术与专家系统理论相结合的方法，确定评价指标隶属度。具体介绍如下：

（1）确定评价因素集。设第 i 个子系统有 m 个评价因子，其评价因素集 U 可表示为 $U = \{u_{i1}, u_{i2} \cdots u_{im}\}$。本文共有评价子系统 5 个，总评价因子 18 个。

（2）确定评语集。设第 i 个子目标有 n 个等级，则其评语等级集可表示为 $V = \{V_{i1}, V_{i2}, \cdots V_{in}\}$。本书设有 5 个评语等级，分别是"很好""较好""一般""较差""很差"。

（3）建立模糊关系矩阵，确定隶属度。根据专家结合本领域以及相关领域对各评价指标给出的级别评语，构建评语集，对被评价事物的每个评价指标的隶属程度进行量化，做模糊统计分析计算。

$$R = \begin{pmatrix} R_1 \\ R_2 \\ \vdots \\ R_m \end{pmatrix} = \begin{pmatrix} r_{11} & r_{12} & \cdots & r_{1n} \\ r_{21} & r_{22} & \cdots & r_{2n} \\ \vdots & \vdots & \vdots & \vdots \\ r_{m1} & r_{m2} & \cdots & r_{mn} \end{pmatrix}_{m \times n} \qquad (8-1)$$

式中，$R_i = \{r_{i1}, r_{i2} \dots r_{i5}\}$ 为相对于评价因素 u_i 的单因素模糊评价。r_{ij} ($i=1, 2, \cdots, m, j=1, 2, \cdots, n$) 为第 i 个评价指标隶属于第 j 个等级的隶属度，隶属度的确定将根据不同子系统评价要求以及指标的不同特性，来选择不同的隶属度函数，进而确定对应隶属度。对于离散型指标，由于其本身指标离散化，采用专家打分来评定。本文根据专家的评语，得到对 i 个评价指标有 V_{i1} 个 V_1 级评语，V_{i2} 个 V_2 级评语$\cdots V_{in}$ 个 V_n 级评语。那么，对 $i=1, 2, \cdots, m$ 有：$r_{ij} = V_{ij} / \sum_{j=1}^{n} V_{ij}$，$j=1, 2\cdots, n$。

8.3 评价结果推求及等级确定

8.3.1 综合效益评价结果推求

根据图 8-1 确定闸坝生态调度的生态环境、社会效益、资源、工程技术、经济综合效益评价指标体系，按照上述介绍的方法，对其进行综合效益评价的闸坝生态调度打分，通过模糊矩阵的合成运算，就可以利用以下多层次模糊综合评价模型逐层进行计算：$B_i = A_i \times R_i = (b_1, b_2, \cdots, b_n)_i$，$i=1, 2, \cdots m$。在计算过程中若

$$\sum_{j=1}^{n} b_j \neq 1 \quad \bar{b}_j = b_j / \sum_{j=1}^{n} b_j \quad j=1, 2, \cdots, n \qquad (8-2)$$

设分数值按 $F = (f_1, f_1, f_1, f_1, f_1) = (100, 80, 60, 40, 20)$ 档次划分，

根据公式 $Z_1 = \overline{B}_1 \times F$；$Z_2 = \overline{B}_2 \times F$；$Z_3 = \overline{B}_3 \times F$；$Z_4 = \overline{B}_4 \times F$；$Z_5 = \overline{B}_5$ $\times F$；$Z = (Z_1, Z_2, Z_3, Z_4, Z_5)^{\mathrm{T}}$ 可得最终评价结果：

$$Q = A \times Z = \sum_{i=1}^{5} A_i \times Z_i \tag{8-3}$$

这样通过层层计算就可以得出闸坝生态调度在生态环境、社会效益、资源、工程技术、经济方面的效益评价值，最后通过综合叠加运算，就可以得到最终的闸坝生态调度综合效益评价值。

上面的计算结果选择了可以运用于闸坝生态调度的分指标和综合效益的动态效益，同样道理，如果把上述闸坝生态调度综合效益评价指标体系以及评价模型应用于一般通常的闸坝调度，可以计算出闸坝在进行生态调度和没有进行生态调度的两个系统全部效益评价的具体数值，这样就可以作出横向比较，总结闸坝生态调度的优劣。

8.3.2　综合效益效果等级的确定

评价指标体系的量化和确定是从生态环境、社会效益、资源、工程技术、经济方面的综合评价，考虑到闸坝生态调度在生态环境、社会效益、资源、工程技术、经济各方面的效益评价的具体数值和整体综合效益评价的具体数字介于 0 和 100 之间，所以将 0～100 确定为效果等级范围。一个接近理想化的、全面考虑生态环境、社会效益、资源、工程技术、经济和生态综合效益的最佳闸坝生态调度，其评价指标体系总得分值为 100；相反则其评价总得分值为 0。闸坝生态调度的综合效益评价值越高，说明闸坝调度效果越好，调度越成功。具体等级划分情况为：总评价值 Q 在 80～100 之间视为优等；总评价值 Q 在 70～80 之间视为良好；总评价值 Q 在 60～70 视为中等；总评价值 Q 在 0～60 视为为劣等。

根据计算出的闸坝生态调度综合效益的分值和上述等级分值的划分，可以确定工程的综合效益的总体水平。

8.4 闸坝生态调度综合效益评价

北运河属闸坝高度控制下的半城市化河流，闸坝众多，因此本书根据已有的相关资料，综合考虑闸坝代表性，选取北关闸为典型闸，从生态环境、社会效益、资源、工程技术、经济 5 个方面对其闸坝生态调度前后综合效益进行评价，并以此为范例推求北运河闸坝生态调度前后综合效益。计算过程采用的相对重要性标度见表 8-1。

表 8-1 标度说明表

相对重要度	定义	解释
1	同等重要	目标 i 和 j 同样重要
3	略微重要	目标 i 比 j 略微重要
5	相当重要	目标 i 比 j 重要
7	明显重要	目标 i 比 j 明显重要
9	绝对重要	目标 i 比 j 绝对重要
2，4，6，8	介于两相邻重要程度间	

8.4.1 北关闸实行闸坝生态调度前综合效益评价

（1）生态环境、社会效益、资源、工程技术、经济各分系统相对总系统的权重运用层次分析法计算。构造判断矩阵：

f	e_1	e_2	e_3	e_4	e_5
e_1	1	3	4	4	5
e_2	0.33	1	3	3	4
e_3	0.25	0.33	1	3	4
e_4	0.25	0.33	0.33	1	3
e_5	0.2	0.25	0.25	0.33	1

借助 MATLAB 软件计算矩阵最大特征值 $\lambda_{max} = 5.3681$，对应的特

征向量为：

$$f = (e_1, e_2, e_3, e_4, e_5) = (0.4543, 0.2495, 0.1541, 0.0913, 0.0508)$$

一致性检验：

$$CI = (5.3681 - 5)/(5 - 1) = 0.093$$

$CR = CI/RI = 0.093/1.12 = 0.082 < 0.1$；一致性可接受，则 e_1, e_2, e_3, e_4, e_5 相对于 f 的权重为：

$$f = (e_1, e_2, e_3, e_4, e_5)$$
$$= (0.4543, 0.2495, 0.1541, 0.0913, 0.0508)$$

（2）生态环境因素分系统内各指标的权重运用层次分析法计算。

构造判断矩阵：

e_1	d_1	d_2	d_3	d_4	d_5
d_1	1	3	3	4	4
d_2	0.33	1	3	3	4
d_3	0.33	0.33	1	3	3
d_4	0.25	0.33	0.33	1	3
d_5	0.25	0.25	0.33	0.33	1

矩阵最大特征值 $\lambda_{max} = 5.3742$，对应的特征向量：

$$e_1 = (d_1, d_2, d_3, d_4, d_5) = (0.4278, 0.2599, 0.1578, 0.0961, 0.0584)$$

一致性检验：

$$CI = (5.3742 - 5)/(5 - 1) = 0.094$$

$CR = CI/RI = /1.12 = 0.094 < 0.1$ 一致性可接受，则 d_1, d_2, d_3, d_4, d_5 相对于 e_1 的权重为：

$$e_1 = (d_1, d_2, d_3, d_4, d_5)$$
$$= (0.4278, 0.2599, 0.1578, 0.0961, 0.0584)$$

（3）社会效益因素分系统内各指标的权重运用层次分析法计算。

构造判断矩阵：

e_2	d_6	d_7	d_8
d_6	1	3	4
d_7	0.33	1	3
d_8	0.25	0.33	1

矩阵最大特征值 $\lambda_{max} = 3.0684$，对应的特征向量：

$e_2 = (d_6, d_7, d_8) = (0.6150, 0.2679, 0.1171)$

一致性检验：

$CI = (3.0684 - 3)/(3 - 1) = 0.0342$

$CR = CI/RI = 0.0342/0.58 = 0.059 < 0.1$，一致性可接受则 d_6，d_7，d_8 相对于 e_2 的权重为：

$e_2 = (d_6, d_7, d_8) = (0.6150, 0.2679, 0.1171)$

（4）资源因素分系统内各指标的权重运用层次分析法计算。

构造判断矩阵：

e_3	d_9	d_{10}	d_{11}
d_9	1	2	3
d_{10}	0.5	1	3
d_{11}	0.33	0.33	1

矩阵最大特征值 $\lambda_{max} = 3.0468$，对应的特征向量：

$e_3 = (d_9, d_{10}, d_{11}) = (0.5286, 0.3326, 0.1388)$

一致性检验：

$CI = (3.0468 - 3)/(3 - 1) = 0.0234$

$CR = CI/RI = 0.0234/0.58 = 0.041 < 0.1$，一致性可接受则 d_9，d_{10}，d_{11} 相对于 e_3 的权重为：

$e_3 = (d_9, d_{10}, d_{11}) = (0.5286, 0.3326, 0.1388)$

（5）工程技术因素分系统内各指标的权重运用层次分析法计算。

构造判断矩阵：

e_4	d_{12}	d_{13}	d_{14}
d_{12}	1	3	3
d_{13}	0.33	1	2
d_{14}	0.33	0.50	1

矩阵最大特征值 $\lambda_{max} = 3.0468$，对应的特征向量：

$e_4 = (d_{12}, d_{13}, d_{14}) = (0.5944, 0.2489, 0.1567)$

一致性检验：

$CI = (3.0468 - 3)/(3 - 1) = 0.0234$

$CR = CI/RI = 0.0234/0.58 = 0.041 < 0.1$，一致性可接受，则 d_{12}，d_{13}，d_{14}，相对于 e_4 的权重为：

$e_4 = (d_{12}, d_{13}, d_{14}) = (0.5944, 0.2489, 0.1567)$

（6）经济效益因素分系统内各指标的权重运用层次分析法计算。

构造判断矩阵：

e_5	d_{15}	d_{16}	d_{17}
d_{15}	1	3	4
d_{16}	0.33	1	2
d_{17}	0.25	0.5	1

矩阵最大特征值 $\lambda_{max} = 3.0154$，对应的特征向量：

$e_5 = (d_{15}, d_{16}, d_{17}) = (0.6254, 0.2380, 0.1366)$

一致性检验：

$CI = (3.0154 - 3)/(3 - 1) = 0.008$

$CR = CI/RI = 0.008/0.58 = 0.013 < 0.1$，一致性可接受，则 d_{15}，d_{16}，d_{17} 相对于 e_5 的权重为：

$e_5 = (d_{15}, d_{16}, d_{17}) = (0.6254, 0.2380, 0.1366)$

通过判断矩阵可以得出生态环境、社会效益、资源、工程技术、经济各分系统相对总系统的权重值，以及各个分系统内部的各个指标相对于各自的分系统的权重值，详见表 8 - 2。

表 8 - 2　北关闸实行闸坝生态调度以前的各评价指标权重

总目标	一级指标	权重	二级指标	权重
综合效益	生态环境指标	0.4543	不达标污水排放量的影响	0.4278
			河道断流不满足生态基流的影响	0.2599
			河道中允许的最大纳污量	0.1578
			河道泥沙含量及河道水质、水温	0.0961
			河道动植物种类及密度	0.0584
	社会效益指标	0.2495	灾害调节功能程度	0.6150
			对城市发展和市民生活水平的提高	0.2679
			相关政策和社会的认可程度	0.1171
	资源指标	0.1541	水资源利用效率的提高程度	0.5286
			对河道水功能分区的影响	0.3326
			占地情况及使用劳力情况	0.1388
	工程技术指标	0.0913	运行管理的协调性程度	0.5944
			工程技术可推广性与先进性	0.2489
	经济效益指标	0.0508	闸坝及附属设施的完备程度	0.1567
			效益综合性的提高	0.6254
			对经济发展的促进作用	0.2380
			年调度运行管理费用	0.1366

由以上可以得到评价模型：

$$c = (e_1, e_2, e_3, e_4, e_5) = (0.4543, 0.2495, 0.1541, 0.0913, 0.0508)$$

$$e_1 = (d_1, d_2, d_3, d_4, d_5) = (0.4278, 0.2599, 0.1578, 0.0961, 0.0584)$$

$$e_2 = (d_6, d_7, d_8) = (0.6150, 0.2679, 0.1171)$$

$$e_3 = (d_9, d_{10}, d_{11}) = (0.5286, 0.3326, 0.1388)$$

$$e_4 = (d_{12}, d_{13}, d_{14}) = (0.5944, 0.2489, 0.1567)$$

$$e_5 = (d_{15}, d_{16}, d_{17}) = (0.6254, 0.2380, 0.1366)$$

根据专家打分再运用多层次模糊综合评价模型：

$$P_i = B_i \times R_i$$

$$R_1 = \begin{bmatrix} 0 & 0 & 0.3 & 0.4 & 0.3 \\ 0 & 0 & 0.3 & 0.5 & 0.2 \\ 0 & 0 & 0.2 & 0.4 & 0.4 \\ 0 & 0 & 0.2 & 0.4 & 0.4 \\ 0 & 0 & 0.3 & 0.4 & 0.3 \end{bmatrix} \quad R_2 = \begin{bmatrix} 0.2 & 0.3 & 0.3 & 0.1 & 0.1 \\ 0 & 0..1 & 0.3 & 0.4 & 0.2 \\ 0 & 0.3 & 0.3 & 0.3 & 0.1 \end{bmatrix}$$

$$R_3 = \begin{bmatrix} 0 & 0.1 & 0.3 & 0.3 & 0 \\ 0 & 0.1 & 0.3 & 0.3 & 0 \\ 0.2 & 0.4 & 0.4 & 0 & 0 \end{bmatrix} \quad R_4 = \begin{bmatrix} 0 & 0 & 0.4 & 0.3 & 0.3 \\ 0 & 0.1 & 0.4 & 0.3 & 0.2 \\ 0 & 0 & 0.3 & 0.4 & 0.3 \end{bmatrix}$$

$$R_5 = \begin{bmatrix} 0 & 0 & 0.4 & 0.3 & 0.3 \\ 0 & 0.1 & 0.3 & 0.3 & 0.3 \\ 0 & 0 & 0.5 & 0.3 & 0.2 \end{bmatrix}$$

计算可得:

$P_1 = B_1 \times R_1 = (0.0, 0.0, 0.275, 0.426, 0.299)$

$\overline{P}_1 = (0.0, 0.0, 0.275, 0.426, 0.299)$

$P_2 = B_2 \times R_2 = (0.123, 0.246, 0.300, 0.204, 0.127)$

$\overline{P}_2 = (0.123, 0.246, 0.300, 0.204, 0.127)$

$P_3 = B_3 \times R_3 = (0.028, 0.142, 0.314, 0.258, 0.258)$

$\overline{P}_3 = (0.028, 0.142, 0.314, 0.258, 0.258)$

$P_4 = B_4 \times R_4 = (0.0, 0.025, 0.384, 0.316, 0.275)$

$\overline{P}_4 = (0.0, 0.025, 0.384, 0.316, 0.275)$

$P_5 = B_5 \times R_5 = (0.0, 0.024, 0.39, 0.300, 0.286)$

$\overline{P}_5 = (0.0, 0.024, 0.39, 0.300, 0.286)$

将权向量矩阵总排序权值 C 和评价矩阵 R 分别代入多层次模糊综合评价数学模型,则可得北关闸闸坝生态调度前综合效益的评价值情况,计算结果如下:

$F = (f_1, f_2, f_3, f_4, f_5)^{\mathrm{T}} = (100, 80, 60, 40, 20)$

生态环境方面: $Z_1 = \overline{P}_1 \times F = 39.50$

社会效益方面: $Z_2 = \overline{P}_2 \times F = 60.7$

资源方面: $Z_3 = \overline{P}_3 \times F = 48.44$

工程技术方面：$Z_4 = \overline{P}_4 \times F = 43.18$

经济效益方面：$Z_5 = \overline{P}_5 \times F = 43.02$

$$Z = (Z_1, Z_2, Z_3, Z_4, Z_5)^{\mathrm{T}} = (100, 80, 60, 40, 20)$$

北关闸生态调度前整体综合效益：$B \times Z = 46.97$，对应效果评价等级为劣等，如图 8 - 3 所示。

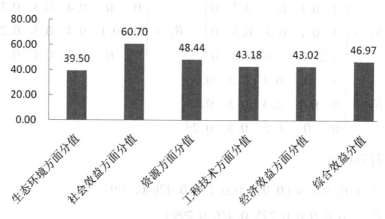

图 8 - 3　北关闸生态调度以前的效益评价分值图

8.4.2　北关闸闸坝生态调度后综合效益评价

通过判断矩阵可以得出生态环境、社会效益、资源、工程技术、经济各分系统相对总系统的权重值，以及各个分系统内部的各个指标相对于各自的分系统的权重值，具体值见表 8 - 3。

表 8 - 3　北关闸实行闸坝生态调度以后的各评价指标权重

总目标	一级指标	权重	二级指标	权重
综合效益	生态环境指标	0.4287	不达标污水排放量的影响	0.4307
			河道断流不满足生态基流的影响	0.2737
			河道中允许的最大纳污量	0.1394
			河道泥沙含量及河道水质、水温	0.0975
			河道动植物种类及密度	0.0587

总目标	一级指标	权重	二级指标	权重
综合效益	社会效益指标	0.2526	灾害调节功能程度	0.5944
			对城市发展和市民生活水平的提高	0.2489
			相关政策和社会的认可程度	0.1567
	资源指标	0.1694	水资源利用效率的提高程度	0.5286
			对河道水功能分区的影响	0.3326
			占地情况及使用劳力情况	0.1388
	工程技术指标	0.0859	运行管理的协调性程度	0.5944
			工程技术可推广性与先进性	0.2489
			闸坝及附属设施的完备程度	0.1567
	经济效益指标	0.0634	效益综合性的提高	0.6150
			对经济发展的促进作用	0.2679
			年调度运行管理费用	0.1171

由以上可以得到评价模型：

$$C = (e_1, e_2, e_3, e_4, e_5)$$
$$= (0.4287, 0.2526, 0.1694, 0.0859, 0.0634)$$
$$e_1 = (d_1, d_2, d_3, d_4, d_5) = (0.4307, 0.2737, 0.1394, 0.0975, 0.0587)$$
$$e_2 = (d_6, d_7, d_8) = (0.5944, 0.2489, 0.1567)$$
$$e_3 = (d_9, d_{10}, d_{11}) = (0.5286, 0.3326, 0.1388)$$
$$e_4 = (d_{12}, d_{13}, d_{14}) = (0.5944, 0.2489, 0.1567)$$
$$e_5 = (d_{15}, d_{16}, d_{17}) = (0.6150, 0.2679, 0.1171)$$

运用多层次模糊综合评价模型：$P_i = B_i \times R_i$

$$R_1 = \begin{bmatrix} 0.4 & 0.5 & 0.1 & 0 & 0 \\ 0.3 & 0.5 & 0.2 & 0 & 0 \\ 0.3 & 0.4 & 0.4 & 0 & 0 \\ 0.3 & 0.4 & 0.3 & 0 & 0 \\ 0.3 & 0.4 & 0.3 & 0 & 0 \end{bmatrix} \quad R_2 = \begin{bmatrix} 0.4 & 0.4 & 0.2 & 0 & 0 \\ 0.4 & 0.4 & 0.2 & 0 & 0 \\ 0.3 & 0.4 & 0.3 & 0 & 0 \end{bmatrix}$$

$$R_3 = \begin{bmatrix} 0.4 & 0.4 & 0.2 & 0 & 0 \\ 0.4 & 0.5 & 0.1 & 0 & 0 \\ 0.4 & 0.5 & 0.1 & 0 & 0 \end{bmatrix} \quad R_4 = \begin{bmatrix} 0.4 & 0.4 & 0.2 & 0 & 0 \\ 0.4 & 0.4 & 0.2 & 0 & 0 \\ 0.4 & 0.4 & 0.2 & 0 & 0 \end{bmatrix}$$

$$R_5 = \begin{bmatrix} 0.2 & 0.5 & 0.3 & 0 & 0 \\ 0.3 & 0.5 & 0.2 & 0 & 0 \\ 0.3 & 0.5 & 0.2 & 0 & 0 \end{bmatrix}$$

计算可得:

$$P_1 = B_1 \times R_1 = (0.343, 0.456, 0.201, 0.0, 0.0)$$
$$\overline{P_1} = (0.343, 0.456, 0.201, 0.0, 0.0)$$
$$P_2 = B_2 \times R_2 = (0.388, 0.40, 0.212, 0.0, 0.0)$$
$$\overline{P_2} = (0.388, 0.40, 0.212, 0.0, 0.0)$$
$$P_3 = B_3 \times R_3 = (0.40, 0.447, 0.153, 0.0, 0.0)$$
$$\overline{P_3} = (0.40, 0.447, 0.153, 0.0, 0.0)$$
$$P_4 = B_4 \times R_4 = (0.40, 0.40, 0.20, 0.0, 0.0)$$
$$\overline{P_4} = (0.40, 0.40, 0.20, 0.0, 0.0)$$
$$P_5 = B_5 \times R_5 = (0.238, 0.50, 0.262, 0.0, 0.0)$$
$$\overline{P_5} = (0.238, 0.50, 0.262, 0.0, 0.0)$$

同样,将权向量矩阵总排序权值 C 和评价矩阵 R 分别代入多层次模糊综合评价数学模型,可得北关闸闸坝生态调度后综合效益情况如图 8-4 所示。闸坝生态调度后整体综合效益评价值为 82.97,对应效益评价等级为优等。

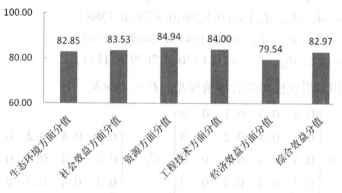

图 8-4 北关闸生态调度后的效益评价分值图

8.4.3　北运河闸坝生态调度综合效益评价

　　仿效北关闸闸坝生态调度综合效益评价方法，利用多层次模糊综合评价模型对北运河流域闸坝生态调度进行综合效益评价，可分别得到北运河实施闸坝生态调度前后综合效益评价情况如图 8-5、图 8-6所示，具体评价结果见表 8-4。

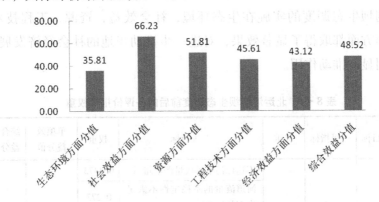

图 8-5　北运河闸坝生态调度以前的效益评价分值图

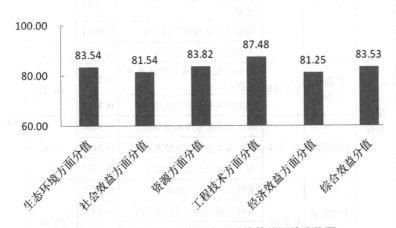

图 8-6　北运河闸坝生态调度以后的效益评价分值图

　　根据评价计算结果可知，北运河在实施闸坝生态调度以前和以后的综合效益的分值分别为 48.53（小于 60）和 83.59（大于 80）。参照闸坝生态调度综合效益评价等级的分类标准，实施闸坝生态调度前的综合效益为劣等，实施闸坝生态调度后的综合效益为优等。这说明实施闸坝生态调度所产生的综合效益提高显著，调度整体上是成功的。另外从单个项效益来看，实施闸坝生态调度后，生态环境、社会效益、资源、工程技术、经济5个方面的效益分值均有较大提高，其中提高最大的是生态环境效益，综合评价分值由生态调度前的35.81提高到调度后的83.54。可见，通过闸坝生态调度，很大程度上改变了北运河流域的生态环境状况，基本实现了闸坝生态调度的目标。总之，北运河闸坝生态调度的实施在生态环境，社会效益，资源，工程技术，经济等方面都取得了显著效果，对进一步推动当地的社会经济发展产生了明显的推动作用。

表8-4　北运河闸坝生态调度前后的各评价指标权重

类别	总目标	一级指标	权重	二级指标	权重	单项效益分值	综合效益分值
北运河实行闸坝生态调度以前	综合效益	生态环境指标	0.4608	不达标污水排放量严重超标	0.4473	35.81	48.52
				河道流量的不稳定性不满足生态基流	0.273		
				河道中允许的最大纳污量	0.142		
				河道泥沙含量及河道水质、水温	0.0793		
				河道动植物种类及其密度	0.0584		
		社会效益指标	0.2515	灾害综合调节功能程度	0.615	66.23	
				对城市发展和市民生活水平的提高	0.2679		
				相关政策和社会的认可程度	0.1171		
		资源指标	0.1324	水资源利用效率的提高程度	0.5086	51.81	
				对河道水功能分区的影响	0.2447		
				使用劳力情况及占地情况	0.1542		
		工程技术指标	0.1007	现状工程可利用情况	0.0925	45.61	
				运行管理的协调性提高程度	0.615		
				工程技术可推广性与先进性	0.2679		
				闸坝形式对水质的影响	0.1171		
		经济效益指标	0.0546	效益综合性的提高	0.5944	43.12	
				对当地经济的发展的影响	0.2489		
				治理河道相关费用	0.1567		

类别	总目标	一级指标	权重	二级指标	权重	单项效益分值
北运河实行闸坝生态调度以后	综合效益	生态环境指标	0.4329	不达标污水排放量严重超标	0.4482	83.54
				河道流量的不稳定性不满足生态基流	0.253	
				河道中允许的最大纳污量	0.1563	
				河道泥沙含量及河道水质、水温	0.0837	
				河道动植物种类及其密度	0.0588	
		社会效益指标	0.2691	灾害综合调节功能程度	0.615	81.54
				对城市发展和市民生活水平的提高	0.2679	
				相关政策和社会的认可程度	0.1171	
		资源指标	0.1597	水资源利用效率的提高程度	0.5547	83.82
				对河道水功能分区的影响	0.2374	
				使用劳力情况及占地情况	0.1214	
				现状工程可利用情况	0.0865	
		工程技术指标	0.0873	运行管理的协调性提高程度	0.6254	87.48
				工程技术可推广性与先进性	0.238	
				闸坝形式对水质的影响	0.1366	
		经济效益指标	0.051	效益综合性的提高	0.5944	81.25
				对当地经济的发展的影响	0.2489	
				治理河道相关费用	0.1567	

8.5 本章小结

本章针对闸坝生态调度运行、管理、完善度等特点，从生态环境、社会效益、资源、工程技术、经济 5 个方面作为闸坝生态调度综合评价的依据，建立具有总体—分系统—因子三层结构特点的指标评价体系，并利用多层次综合模糊综合评价模型对北运河闸坝生态调度效果进行综合效益评价。评价结果表明，通过闸坝生态调度，能够有效改善北运河流域生态环境状况，提高流域调度综合效益。

第 9 章　结论与展望

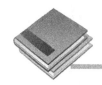

第9章 结论与展望

　　河流是人类赖以生存的重要自然资源，是多种生命起源和繁衍的地方。随着人类社会的发展和进步，为了使河流更好地服务于人类，人们不断着进行着对河流的改造，在河流上修建了大量的闸坝等工程设施。然而，随着时间的推移，人们发现这些工程设施在为人类社会发展提供保障的同时，又给河流系统自身带来许多负面效应，进而影响着其功能的进一步发挥，影响着人类社会的可持续发展。面对闸坝等工程设施对河流系统产生的不利影响，人们研究并采取了许多工程和非工程措施，尽可能减小这种不利影响。本书主要研究了非工程措施——闸坝生态调度这一最新的闸坝调度方式，将河流生态因素纳入到闸坝调度中去，通过改变现有闸坝调度方式，逐步恢复河流生态健康，实现人与河流的和谐共处。

9.1 结论

　　（1）全面分析了闸坝对河流生态产生的影响。闸坝对河流所产生的影响主要体现在两个方面：一是闸坝存在的本身带来的负面影响；二是在闸坝运行过程中对河流生态系统的胁迫。具体包括：闸坝对河流水文、水力学特性的影响，对河流物理、化学特性的影响，对河流生态系统结构的影响，对河流区域生态响应所产生的影响。以北运河为例，考虑到影响河流生态的因素具有多层次、不确定性和属性复杂等特点，利用改进的"拉开档次"法对北运河河流生态影响进行评价。评价结果表明，在闸坝高度控制下的北运河，其闸坝对河流生态影响较严重。

　　（2）系统总结构建了闸坝生态调度的有关理论体系。基于国内外对生态调度的内涵理解，对闸坝生态调度给出最新的解释和定义。闸坝生态调度是对水库生态调度的扩延，是在水库生态调度的基础上，将河流上的一般闸、坝纳入到河流生态调度范围，通过调整闸坝运行方式，最大程度地减小闸坝的建设和运行对闸坝区及下游生态系统的影响。其主要内容包括：生态需水调度、生态水文情势调度、防治水污染调度、输沙调度、生态因子调度、水系连通性调度、综合调度。其调度主要原则是：满足人类基本需求原则、满足河流生态需水原则、遵循"三生"用水共享原则、满足河流生态因子要求的原则、实现河流生态健康为最终目标原则、满足重要区域或应对突发事件特别需水要求的原则。其主要调度目标的表征形式是河流生态需水量。

（3）对北运河闸坝生态调度方式进行了研究。针对现行北运河流域闸坝调度的现状和问题，及由此造成的河流生态现状，提出了北运河闸坝生态调度的原则。运用了基于水功能区划的河流生态需水量计算方法，分时段、分区域、分等级计算北运河河流生态环境需水量，并将此确定为北运河闸坝生态调度目标，建立了以防洪为约束，以河流生态用水为保障的北运河闸坝生态调度模式。

（4）开展了闸坝下游河流水动力及水质演变过程的研究。根据拟定的北运河闸坝生态调度的原则和方式，依托清华大学开展的北运河流域水量水质联合调度决策支持系统关键技术与集成研究（2008ZX07209-002-003）技术平台，对北运河闸坝群不同调度运行方式下下游河道水量水质进行了模拟，探讨分析了不同调度情况下的河流水动力及水质特性。分析表明，在下游典型闸断面，现状年和各频率年的水动力学特性类似，生态调度和现状调度流量差别不大；除了土门楼以外，各闸坝水位变化相对比较明显；闸坝调度对流速的改变微乎其微。生态调度以后，北运河水质浓度有所改善，但 NH_3 浓度和部分闸坝断面的 COD 浓度未达到水质控制目标，还应采取控制污染物入河等其他手段相结合的方法进行综合治理。

（5）进行了北运河闸坝运行管理模式的研究。首先，针对现行北运河闸坝运行管理模式的弊端，为适应闸坝生态调度模式，实现调度目标，将企业生产管理领域的绿色供应链管理模式引入到闸坝管理运行中。其次，在对绿色供应链管理的内涵、特征及基本思想的详细阐述基础上，通过对比分析，发现绿色供应链管理与闸坝生态调度管理在结构组成、内涵要素、管理目标、管理思想方面具有极强的相似性。绿色供应链管理的目标是资源的最优配置和可持续发展，基于这种管理的优越性，构建了闸坝生态调度绿色供应链管理模型，设计了北运河闸坝生态调度绿色供应链管理系统结构图。最后对闸坝生态调度绿色供应链管理进行阐述，认为要实现闸坝生态调度目标，必须建立信息共享机制和协调机制，并对机制给出了建设性建议。

（6）对闸坝生态调度效果进行了综合效益评价。针对闸坝生态调度运行、管理、完善度等特点，从生态环境、社会效益、资源、工程技术、经济5个方面建立了多层次的闸坝生态调度综合效益评价指标体系，作为闸坝生态调度综合效益评价的依据。建立了闸坝生态调度综合效益评价模型，并选择北运河具有代表性的已建闸坝，综合评价了北运河在闸坝生态调度和现有闸坝调度情况下整体效益状况。评价结果表明，通过闸坝生态调度，能够有效改善北运河流域生态环境状况，提高流域调度综合效益。

9.2　创新点

（1）考虑到影响北运河生态的因素具有多层次、不确定性和属性复杂等特点，构建河流生态影响评价指标体系，运用"拉开档次"法并对其改进，进行了北运河生态影响评价。改进评价方法既能兼顾评价者的主观判断，又可基于数据本身所包含客观信息；评价过程透明，评价结果准确、客观、实用。

（2）根据北运河河流功能区划及闸坝特点，提出了基于水功能区划的河流生态环境需水量计算方法，其特点是可分时段、分区域、分等级计算北运河河流生态需水量。该方法为北运河实施闸坝生态调度，提供了科学、合理、可靠的需水量计算结果。

（3）通过对比分析发现企业生产管理领域的绿色供应链管理模式与闸坝生态调度管理具有极强的相似性，考虑到绿色供应链管理的目标是资源的最优配置和可持续发展，构建了北运河闸坝生态调度绿色供应链管理系统结构图，提出了闸坝生态调度绿色供应链管理模式。

（4）针对闸坝生态调度运行、管理、完善度等特点，从生态环境、社会效益、资源、工程技术、经济5个方面，构建了多层次的北运河闸坝生态调度综合效益评价指标体系，建立了闸坝生态调度效果的多层次模糊综合评价模型，获得了满意的综合效益评价结果。

9.3 展望

闸坝控制下的河流，由于其自然流程得人工化干扰，河流生态受到影响和破坏。要恢复河流生态健康必须改变现有闸坝调度方式，将生态因素纳入到闸坝调度中，实现闸坝生态调度。本书从河流闸坝对河流产生的负面影响入手，对闸坝生态调度相关理论进行了总结和阐述，并以北运河为例，确定了闸坝生态调度目标及其表征形式，分析了不同闸坝调度情况的河流水动力及水质特性，探讨了闸坝生态调度管理理论，给出闸坝生态调度管理建议，最后对闸坝生态调度进行了综合效益评价，总结闸坝生态调度的优劣。总体来看，本书在闸坝生态调度理论、技术方法与评价体系等方面取得了一些初步成果，可为相关研究起到抛砖引玉的作用。但是，闸坝生态调度是一个涉及多学科、多领域复杂的系统工程问题，需要不同学科之间的交叉作为支撑。因此，还需进行更深入的研究。

（1）闸坝生态调度临界点的确定研究。作为闸坝生态调度目标的表征形式，河流生态需水量的计算多以月为尺度，而对于河流部分生物而言，可能河流的日流量变化会起主导作用。因此，进一步开展河流生物状况调查，详细了解掌握河流生物与河流生态需水的响应过程，是闸坝生态调度临界点确定，提高闸坝生态调度效果的关键。

（2）闸坝生态调度模型的研究。现有闸坝生态调度模型很难将河流生物所需的脉冲流量、流速、水温、水位、营养物质浓度等生态因子纳入其中，这使得闸坝生态调度所能解决的问题非常有限。因此，进一步丰富、完善闸坝生态调度模型，提升闸坝生态调度适应各种调度目标的能力，将是开展闸坝生态调度的又一核心问题。

（3）事实已经证明，作为非工程措施，闸坝生态调度在减少闸坝对河流产生的各种负面影响，恢复河流生态健康方面已经达到较好的效果；但同时，也发现，对于许多重度污染的河流，实施闸坝生态调度不能明显改变其生态状况，即调度效果是有限的。因此，要从根本上改善河流生态状况，恢复河流生态健康，还应进一步研究有效的流域综合治理及防治手段和措施，逐步恢复河流自然生态状态，实现人类与河流的和谐、可持续发展。

参考文献

参考文献

［1］Karr J R, Chu E W. Sustaining living rivers ［J］. Hydrobiologia, 2000, 422/423: 1-14.

［2］TheWorld Commission on Dams. Dams and Development: ANew Framework For Decision-Making ［M］. Earthscan Publi-cationsLtd, London and Sterling, VA, 2000.

［3］Vorosmarty C J, et al. The storage and aging of continental runoff in large reservoir systems of the world ［J］. Ambio, 1997, 26: 210-219.

［4］Petts G. Impounded rivers: perspectives for ecological management ［M］. NewYork: Wiley, Chichebster, 1984.

［5］陈启慧. 美国两条河流生态径流试验研究 ［J］. 水利水电快报, 2005, 26 (15): 23-24.

［6］夏军, 赵长森, 刘敏, 等. 淮河闸坝对河流生态影响评价研究——以蚌埠闸为例 ［J］. 自然资源学报, 2008, 23 (1): 48-60.

［7］张永勇, 夏军, 王纲胜, 等. 淮河流域闸坝联合调度对河流水质影响分析 ［J］. 武汉大学学报（工学版）, 2007, 40 (4): 31-35.

［8］索丽生. 闸坝与生态 ［J］. 中国水利, 2005: 5-8.

［9］蔡其华. 充分考虑河流生态系统保护因素——完善水库调度方式 ［J］. 中国水利, 2006 (2): 14-17.

［10］曲树国, 刘洪霞, 赵海军. 山东省河道闸坝生态调度原则和调度方式探讨 ［J］. 山东水利. 2009: 57-59.

［11］Johnson B M, Saito L, Anderson M A. Effects of climate and dam operations on reservoir thermal structure ［J］. Journal of Water Resources Planning and Management, 2004 (2): 112-l22.

［12］Geoffrey E P, Angela M. G. Dams and geomorphology: Researeh Progress and future dircetions ［J］. Geomorphology, 2005, 71: 27.

[13] S Anders Brandt. Classifieation of geolmorphological effeets downstream of dams [J]. Catena, 2000, 40: 375-401.

[14] Azim U. M, John S R. Riparia vegetation change in upstream and downstream reaches of three temperate rivers dammed for hydroelectric generation in British Columbia , Canada [J]. ECOLOGICAL ENGINEER-ING. 2009, 35: 810-819.

[15] L. T. H. Newhaln, R. A. Leteher, A J Jakemali, et al. Integrated Water Quality Modelling: Ben Chifley Dam Catchment, Australia [J] . International Environmental Modelling and Software Society, 2002 (1): 275-280.

[16] Williams G P. The case of the shrinking channels-the North Platte and Platte River in Nebraska [J]. In US Geological Servey Circular, 1978: 781-782.

[17] Vannote R L, Minshall G W, Cumminus K W, et al. The river continuum concept [J]. Canadian Journal of Fisheries and Aquatic Science, 1980, 37: 130-137.

[18] Minshall G W, Cummins K W, Peterson R C, et al. Development in stream ecosystem theory [J]. Canadian Journal of Fisheries and Aquatic Science, 1985, 42: 1045-1055.

[19] Junk W J, Bayley P B, Sparks R E. The flood pulse concept in river-floodplain systems [A]. Dodge D P. Proceedings of the International Large River Symposium [C]. Canadian Special Publication of Fisheries and Aquatic Sciences, 1989.

[20] Ward J V. The four dimensional nature of lotic ecosystems [J]. Journal of the North American Benthological Society, 1989, 8: 2-8.

[21] Karr J R. Biolpogical integrity: a long-neglected aspect of water resource management [J]. Ecol Appl, 1991, 1: 66-84.

[22] Williams G P, W. M. G. Downstream effects of dams in Alluvial rivers [J]. In US Geological Survey Professional Paper, 1984: 1286-1288.

[23] Kondolf G M, Hungry water: Effect of dams and gravel Mining

on river channels ［J］. Environmental Management，1997，21（4）：533-551.

［24］Kondolf G M, S. M. L. Channel adjustments to reservoir construction and instream gravel mining Stony Creek ［J］. California. Environmental Geology and Water Science，1993（21）：256-269.

［25］Angela H A. Environmental flow：ecological importance，methods and lessons from Australia. Paper presented at Mekong Dialogue Workshop International transfer of river basin development experience：Australia and Mekong Region，2002：2.

［26］陈国阶，徐琪，杜榕桓，等. 三峡工程对生态与环境的影响及对策研究 ［M］. 北京：科学出版社，1995.

［27］窦贻俭，杨戊. 曹娥江流域水利工程对生态环境影响的研究 ［J］. 水科学进展，1996，7（3）：260-267.

［28］庞增铨，廖国华，吴正褆，等. 论贵州喀斯特地区河流梯级开发的水环境变异 ［J］. 贵州环保科技，1999，5（4）：13-17.

［29］周建波，袁丹红. 东江建库后生态环境变化的初步分析 ［J］. 水力发电学报，2001（4）：108-112.

［30］刘兰芬. 河流水电开发的环境效益及主要环境问题研究 ［J］. 水利学报，2002（8）：121-128.

［31］汪恕诚. 论大坝与生态 ［J］. 水力发电，2004，30（4）：1-5.

［32］黄真理，李玉梁，李锦秀，等. 三峡水库水容量计算 ［J］. 水利学报，2004（3）：7-14.

［33］程绪水，沈哲松. 沙颍河水利工程调度对改善淮河水质的影响分析 ［J］. 水资源保护，2004（4）：25-27.

［34］毛战坡，王雨春，彭文启，等. 筑坝对河流生态系统影响研究进展 ［J］. 水科学进展，2005，16（1）：134-140.

［35］陈庆伟，刘兰芬，刘昌明. 筑坝对河流生态系统的影响及水库生态调度研究 ［J］. 北京师范大学学报（自然科学版），2007，43（5）：578-582.

[36] 范继辉. 梯级水库群调度模拟及其对河流生态环境的影响——以长江上游为例 [D]. 成都：中国科学院研究生院，2007：4.

[37] 张永勇，陈军锋，夏军. 温榆河流域闸坝群对河流水量水质影响分析 [J]. 自然资源学报，2009，24（10）：1697-1705.

[38] 吕衡，梅传书，杨志刚. 拦河闸对河道生态影响的对策研究 [J]. 海河水利，2007：28-31.

[39] 赵建民，李靖，黄良，等. 三峡工程对长江流域生态承载力影响的初步分析 [J]. 水力发电学报，2008，27（5）：130-134.

[40] 胡巍巍. 蚌埠闸及上游闸坝对淮河自然水文情势的影响 [J]. 地理科学，2011.

[41] 刘子辉，左其亭，赵国军. 闸坝调度对污染河流水质影响的实验研究 [J]. 水资源与水工程学报，2011，22（5）：34-37.

[42] 刘玉年，夏军，程绪水. 淮河流域典型闸坝断面的生态综合评价 [J]. 解放军理工大学学报（自然科学版），2008，9（6）：693-697.

[43] 崔凯，高军省，左其亭. 闸坝对河流水质水量的影响评价研究 [J]. 长江大学学报（自然科学版），2011，8（6）：12-14.

[44] 左其亭，刘子辉，窦明. 闸坝对河流水质水量评估及调控能力识别研究框架 [J]. 南水北调与水利科技，2011，9（2）：18-21.

[45] 刘子辉. 闸坝对重污染河流水质水量影响的实验与模拟研究 [D]. 郑州：郑州大学，2011：5.

[46] Ward J V, Stanford J A. The Ecology of Regulated Streams [M]. New York：Plenum Press，1979.

[47] Tennant D L. Instream flow regimes for fish wildlife, recreation and related environmental resources [J]. Fisheries, 1976, 1（4）：6-10.

[48] Gippel G J, Stewardson M J. Use of Wetted Perimeter in Defining minimum environmental flows. Regulated Riversp [J]. Research and Management, 1998, 14（1）：53-67.

[49] Bovee K D. A Guide to Stream Habitat Analysis Using the Stream Flow Incremental Methodology [R]. Instream Flow Information Pa-

per 12: USDL Fish and Wildlife Services. Office of Biology Services: Washington D C, 1982.

[50] Orth D J, Maughan O E. Evaluation of the Incremental Methodology for Recommending Instream Flows for Fishs [J]. Transactions of the American Fisheries Society, 1982 (111): 413-445.

[51] Mark C, Loren P F. Seasonal treatment and variable effluent quality based on assimilative capacity [J]. Water pollution control federation, 1982, 54 (10): 1408-1416.

[52] Caissie D, Bourgeois G. Instream flow evaluation by hydro-logically-based and habitat preference (hydrobiological) techniques [J]. Revue des Sciences, 1998, 11 (3): 347-363.

[53] 董哲仁, 孙东亚. 生态水利上程原理与技术 [M]. 北京: 中国水利水电出版社, 2007.

[54] Junk W J. Amazonian Floodplains: Their Ecology, Present and the Potential Use [C] //In Proceeding of the International Scientific Workshop on Ecosystem Dynamics in FreshwaterWetlands and Shallow Water Bodies, NewYork, 1982, 15: 98-126.

[55] Petts G E. Water Allocation to Protect River Ecosystons Regulated Rivers [J]. River Restoration Management, 1996 (12): 353-365.

[56] Richter B D, Thomas G A. Restoring Enviromental Flows by Modifying Dam Operations [J]. Ecology and Society, 2007, 12 (1): 12.

[57] Hughes D A, Ziervogel G. the Inclusion of Operating Rules in A Daily Reservoir Simulation Model to Determine Ecological Reserve Releases for River Maintenane [J]. Water SA, 1998 (5): 293-302.

[58] Johson B M, Saito L, Anderson M A, etal. Effects of climate and dam operations on reservior thermal structure [J]. Journal of Water Resource Planning and Management, 2004 (2): 112-122.

[59] Harman C, Stewardson M. Optimizing dam release rules to meet environmental flow targets [J]. River Research and Applications, 2005 (21): 113-129.

［60］沃罗帕耶夫等．容致旋译．伏尔加河下游有利于生态的春季放水可行性研究［J］．水利水电快报，1994，17：4-8.

［61］方子云．中美水库水资源调度策略的研究和进展［J］．水利水电科技进展，2005，25（1）：1-5.

［62］吕新华．大型水利工程的生态调度［J］．科技进步与对策，2006，7：129-131.

［63］王远坤，夏自强，王桂华．水库调度的新阶段-生态调度［J］．水文，2008，28（1）：7-9.

［64］B. U. 魏什涅夫斯基．关于德涅斯特罗夫水库利用调度进行自然保护的问题［J］．容致旋，译．水利水电快报，1994（14）：11.

［65］American Riverm, NPS（River, Trail, and Conservation Assistance Program, National Park Service）. River rencwal：Restoring rivers through hydropower dam relicensing［R］. Washington, DC, 1996.

［66］Denis A H, Pauline H. A desktop model used to provide an initial estimate of the ecological instream flow requirement of rivers in South Africa［J］. Journal of Hydrology, 2003（270）：167-181.

［67］曾祥胜．人为调节涨水过程促使家鱼自然繁殖的探讨［J］．生态学杂志，1990，9（4）：20-23.

［68］李翀，彭静，廖文根．长江中游四大家鱼发江生态水文因子分析及生态水文目标确定［J］．中国水利水电科学研究院学报，2006，4（3）：170-176.

［69］王尚玉，廖文根，陈大庆，等．长江中游四大家鱼产卵场的生态水文特性分析［J］．长江流域资源与环境，2008，17（16）：892-897.

［70］郭文献，夏自强，王远坤，等．三峡水库生态调度目标研究［J］．水科学进展，2009，20（4）：554-559.

［71］傅春，冯尚友．水资源持续利用（生态水利）原理的探讨［J］．水科学进展，2000，11（4）：436-440.

［72］董哲仁．生态水工学——人与自然和谐的工程学［J］．水利水电技术，2003，34（7）：80-85.

［73］贾海峰，程声通，丁建华．水库调度和营养物消减关系的探讨［J］．环境科学，2001，22（4）：104-107．

［74］王好芳，董增川．基于量与质的多目标水资源配置模型［J］．人民黄河，2004，26（6）：14-15．

［75］禹雪中，杨志峰，廖文根．水利工程生态与环境调度初当研究［J］．水利水电技术，2005，36（11）：20-22．

［76］刘兴武，王小莹，王殿贵．大中型水库现行调度方式的问题初探［J］．农业与技术，2009，29（2）：73-76．

［77］余文公，夏自强，于国荣，等．生态库容及其调度研究［J］．商丘师范学院学报，2006，22（5）：148-151．

［78］傅菁菁，芮建良，吴世东．基于环境的水库调度运行［C］//水电2006国际研讨会论文集，2006．

［79］董哲仁，孙东亚，赵进勇．水库多目标生态调度［J］．水利水电技术，2007，38（1）：28-32．

［80］郑志飞．黄河下游水量水质与生态联合调度研究［D］．南京：河海大学，2007：6．

［81］艾学山，范文涛．水库生态调度模型及算法研究［J］．长江流域资源与环境，2008，17（3）：451-455．

［82］胡和平，刘登峰，田富强，等．基于生态流量过程线的水库生态调度方法研究［J］．水科学进展，2008，19（3）：325-332．

［83］刘玉年，施勇，程绪水．淮河中游水量水质联合调度模型研究［J］．水科学进展，2009，20（2）：177-183．

［84］陈求稳．河流生态水力学：坝下河道生态效应与水库生态友好调度［M］．北京：科学出版社，2010．

［85］张永勇，夏军，陈军锋．基于SWAT模型的闸坝水量水质优化调度模式研究［J］．水力发电学报，2010，29（5）：159-164．

［86］康玲，黄云燕，杨正祥，等．水库生态调度模型及其应用［J］．水利学报，2010，41（2）：134-141．

［87］李清清，覃晖，陈广才．基于人造洪峰的三峡梯级生态调度仿真分析［J］．长江科学院院报，2011，28（12）：112-117．

［88］张洪波，钱会，辛琛．基于结构目标的水库生态调度模型与求解［J］．中国农村水利水电，2011，10：55-58．

［89］张慧云，高仕春．闸坝群水质水量联合调度规律研究［J］．全国水资源合理配置与优化调度及水环境污染防治技术专刊，2011，109-116．

［90］张丽丽，殷峻暹，张双虎．丹江口水库向白洋淀补水生态调度方案研究［J］．湿地科学，2012，10（1）：32-39．

［91］索丽生．水利工程的"特殊功能"——关于水利工程建设新思路的思考［J］．水利水电技术，2003，34（1）：1-3．

［92］鄂竟平．国家防总在2005年珠江压咸补淡应急调水工作总结会议上的讲话［J］．人民珠江，2005（4）：1-3．

［93］三峡工程开始发挥生态调度作用［J］．水利水电快报，2007，28（3）：8．

［94］翟丽妮，梅亚东，李娜．水库生态与环境调度研究综述［J］．人民长江，2007，38（8）：56-60．

［95］Dynesius M，Nisson C. Fragmentation and flowregulation of river systems in the Northern third of the world［J］．Science，1994，266：753-762．

［96］Hart D D，Poff N L. A special section on dam removal and river restoration［J］．Bioscience，2002，52（8）：653-655．

［97］Ward J V，Stanford A. The serial discontinuity concept of lotic e-cosystems［A］．Fontaine TD，Bartell S W. In Dynamics of lotic ecosystems［C］．Michigan：Ann Arbor Science，1983．

［98］贾魁桐．水电开发的环境效益及问题［J］．湖南水利水电，2006（2）：74-76．

［99］俞平．水电开发的环境效益及问题［J］．甘肃水利水电技术，2006，42（1）：41-44．

［100］Naiman R J，TurnerMG. A future perspective on North Ameri-can´s freshwater ecosystems［J］．Ecological Applications，2000，10：958-970．

［101］Vorosmarty C J, et al. The storage and aging of continental runoff in large reservoir systems of theworld ［J］. Ambio, 1997, 26: 210-219.

［102］Saito L, Johnson B M, BartholowJ, et al. Assessing ecosystem effects of reservoir operations using foodweb-energy transfer andwater quality models ［J］. Ecosystems, 2001, 4: 105-125.

［103］董哲任. 水利工程对生态系统的胁迫 ［J］. 水利水电技术, 2003, 34 (7): 1-8.

［104］Scott ML, Friedman J M, Auble GT. Fluvial process and the establishment of bottomland trees ［J］. Geomorphology, 1996, 14: 327-339.

［105］Graf W L. Dam nation: a geographic census of American dams and their larger scale hydrological impacts ［J］. Water Resources Research, 1999, 35: 1305-1311.

［106］Mander U, Kuusemets V, Krista L, et al. Efficiency and dimensioning of riparian buffer zones in agricultural catchments ［J］. Ecological Engineering, 1997, 8: 299-324.

［107］刘兰芬. 河流水电开发的环境效益及主要环境问题研究 ［J］. 水利学报, 2002 (8): 121-125.

［108］倪晋仁, 金玲, 赵业安, 等. 黄河下游河道最小生态环境需水量初步研究 ［J］. 水利学报, 2002 (10): 1-5.

［109］Karr J K. Assessments of biotic integrity using fish communjties. Fisheries (Bethesda), 1981 (6): 21-27.

［110］Ladson A R, White L J. An index of stream condition: Reference manual (second edition). Melbourne of Natural Resources and Envimnment. 1999, 1-65.

［111］Brierley G, Fryirs K, Outhet, D, et al. Application of the River Styles frammewwork as a basis for river management in New South Wales. Australia. Applied Geography, 2002 (22): 91-122.

［112］殷会娟, 冯耀龙, 等. 河流生态环境健康评价方法研究

[J]．中国农村水利水电，2006，4：55-57.

[113] 张凤玲，刘静玲，杨志峰．城市河湖生态系统健康评价——以北京市"六海"为例 [J]．生态学报，2005，25（11）：3019-3027.

[114] 张可刚，赵翔，邵学强．河流生态系统健康评价研究 [J]．水资源保护，2005，21（6）：11-14.

[115] 赵彦伟，杨志峰．城市河流生态系统健康评价初探闭 [J]．水科学进展，2005，16（3）：349-355.

[116] 惠秀娟，杨涛，李法云，等．辽宁省辽河水生态系统健康评价 [J]．应用生态学报，2011，22（1）：181-188.

[117] 张楠，孟伟，张远，等．辽河流域河流生态系统健康的多指标评价方法 [J]．环境科学研究，2009，22（2）：167-168.

[118] 戴全厚．东北低山丘陵区小流域生态经济系统模式及评价 [D]．西安：西北农林科技大学，2003：5.

[119] 杨婷．湘江流域河流健康水文条件评价研究 [D]．长沙：湖南师范大学，2010：6.

[120] 王雪荣，郭春明．一体化管理系统动态综合评价新方法 [J]．系统工程学报，2007，22（2）：156-161.

[121] 郭亚军，等．综合评价理论与方法 [M]．北京：科学出版社，2002：68-70.

[122] 贾金生，彭静，郭军，等．水利水电工程生态与环境保护的实践与展望 [J]．中国水利，2006（20）：3-5.

[123] 李景波，董增川，王海朝．水库健康调度与河流健康生命探讨 [J]．水利水电技术，2007，38（9）：12-17.

[124] 汪恕诚．汪恕诚纵论生态调度 [N]．中国水利报，2006-11-14（001）.

[125] 程根伟，陈桂蓉．试验三峡水库生态调度，促进长江水沙科学管理 [J]．水利学报，2007（S1）：526-531.

[126] 梅亚东，杨娜，翟丽妮．雅砻江下游梯级水库生态友好型优化调度 [J]．水科学进展，2009，20（5）：721-725.

［127］陈敏建，丰华丽，王立群等．生态标准河流和调度管理研究［J］．水科学进展，2006，17（5）：631-636.

［128］肖金凤，梁宏，杨治国．水库生态影响研究和生态调度对策探讨［J］．河南水利与南水北调，2008（2）：20-30.

［129］Minshall G W, Cummins K W, Peterson R C, et al. Development in stream ecosystem theory［J］. Canadian Journal of Fisheries and AquaticScience, 1985, 42：1045-1055.

［130］冯宝平，张展羽，陈守伦，等．生态环境需水量计算方法研究现状［J］．水利水电科技进展，2004，24（6）：59-62.

［131］徐志侠，王浩，董增川，等．河道与湖泊生态需水理论与实践［M］．北京：中国水利水电出版社，2005：7-18.

［132］钟华平，刘恒，耿雷华，等．河道内生态需水估算方法及其评述［J］．水科学进展，2006，17（3）：430-433.

［133］杨志峰，张远．河道生态环境需水研究方法比较［J］．水动力学研究与进展 A 辑，2003，18（3）：294-301.

［134］李捷，夏自强，马广慧，等．河流生态径流计算的逐月频率计算法［J］．生态学报，2007，27（7）：2916-2921.

［135］张远．黄河流域坡高地与河道生态环境需水规律研究［D］．北京：北京师范大学，2003：6.

［136］陈敏建，丰华丽，王立群，等．适宜生态流量计算方法研究［J］．水科学进展，2007，18（5）：745-750.

［137］王西琴，刘昌明，杨志峰．河道最小环境需水量确定方法及其应用研究（Ｉ）——理论［J］．环境科学学报，2001，21（5）：544-547.

［138］陈敏建，丰华丽，王立群，等．适宜生态流量计算方法研究［J］．水科学进展，2007，18（5）：745-750.

［139］王武．鱼类增养殖学［M］．北京：中国农业出版社，2000：395-396.

［140］Loftis B, Labadie J W, Fontane D G. Optimal operation of a system of lakes for quality and quantity［C］//TORNOHC. ComputerApplications in Water Resources. NewYork：ASCE，1989：693-702.

［141］Hayes D F，Labadie J W，Sanders T G. Enhancingwater quality in hydropower system operations ［J］. Water ResourcesResearch，1998，34（3）：471-483.

［142］Willey R G，Smith D J，Duke J H. Modelingwater-resource systems forwater-qualitymanagement ［J］. Journal ofWaterResources Planning and Management，1996，122（3）：171-179.

［143］董增川，卞戈亚，王船海，等. 基于数值模拟的区域水量水质联合调度研究 ［J］. 水科学进展，2009，20（2）：184-189.

［144］孙宗凤. 基于生态的水利工程水量水质联合调度及效应评价研究 ［D］. 南京：河海大学，2006：6.

［145］付意成，魏传江，王瑞年，等. 水量水质联合调控模型及其应用 ［J］. 水电能源科学，2009，27（2）：31-35.

［146］左其亭，夏军，等. 陆面水量—水质—生态耦合系统模型研究 ［J］. 水利学报，2002，2：61-65.

［147］吴浩云. 大型平原河网地区水量水质耦合模拟及联合调度研究 ［D］. 南京：河海大学，2006：1.

［148］郑毅. 北运河流域洪水预报与调度系统研究及应用 ［D］. 北京：清华大学，2009：4.

［149］荆海晓. 河网水动力及水质模型的研究及应用 ［D］. 天津：天津大学，2010：6.

［150］郭正鑫. 基于 GIS 流域水质水量联合控制系统的实现与应用——以北京市温榆河为例 ［D］. 济南：山东师范大学，2009：6.

［151］詹杰民，吕满英，李毓湘，等. 一种高效实用的河网水动力数学模型研究 ［J］. 水动力学研究与进展，A 辑，2006，21（6）：685-692.

［152］王船海，李光炽. 实用河网水流计算 ［M］. 南京：河海大学出版社，2003.

［153］马士华. 供应链管理 ［M］. 北京：机械工业出版社，2003.

[154] 王耀球. 供应链管理 [M]. 北京：机械工业出版社，2006：31-78.

[155] 侯玉梅，孙曼. 绿色供应链管理新思路 [J]. 物流科技，2012，1：6-8.

[156] 王能民，孙林岩，汪应洛. 绿色供应链管理 [M]. 北京：清华大学出版社，2005：17-143.

[157] 但斌，刘飞. 绿色供应链及其体系结构研究 [J]. 中国机械工程，2000，11（11）：1232-1234.

[158] 李伟娜. 绿色供应链节点企业的协调机制研究 [D]. 桂林：桂林电子科技大学，2008：6.

[159] 徐茜. 供应链管理协同中的信息共享研究 [D]. 柳州：广西工学院，2011：4.

[160] 陈守煜. 工程模糊集理论与应用 [M]. 北京：国防工业出版社，1998：3-10.

[161] 闻裙，刘兴华，周建波，等. 多层次模糊综合评价法河中游项目后评价中的应用 [J]. 南水北调与水利科技，2006，4（4）：50-53.